“十三五”职业教育国家规划教材
江苏高校品牌专业建设工程·项目成果

砌体结构工程施工

（第二版）

主　编　陈飞敏
主　审　陈年和

南京大学出版社

图书在版编目(CIP)数据

砌体结构工程施工/ 陈飞敏主编.—2 版.—南京：南京大学出版社，2022.1

ISBN 978-7-305-24673-9

Ⅰ. ①砌… Ⅱ. ①陈… Ⅲ. ①砌体结构—工程施工 Ⅳ. ①TU36

中国版本图书馆 CIP 数据核字(2021)第 125870 号

出版发行 南京大学出版社
社　　址 南京市汉口路 22 号　　邮　　编 210093
出 版 人 金鑫荣

书　　名 砌体结构工程施工
主　　编 陈飞敏
责任编辑 蔡文彬　　编辑热线 025-83597482

照　　排 南京开卷文化传媒有限公司
印　　刷 常州市武进第三印刷有限公司
开　　本 787×1092　1/16　印张 11　字数 268 千
版　　次 2022 年 1 月第 2 版　2022 年 1 月第 1 次印刷
ISBN 978-7-305-24673-9
定　　价 35.00 元

网　　址：http://www.njupco.com
官方微博：http://weibo.com/njupco
官方微信号：njutumu
销售咨询热线：(025)83594756

编 委 会

前　言

砌体结构工程历史悠久，几千年来由于其良好的物理力学性能、易于取材、生产和施工工艺简单、造价低廉等特点而得到广泛的使用。如今混凝土工程中的二次结构，也少不了砌体结构的施工。

本书为“十三五”职业教育国家规划教材，全书针对高等职业教育教学“必需、够用”的原则，突出高职教育以应用为主的特色，内容注重职业能力的培养，旨在培养学生制订施工方案能力、指导现场施工能力、质量检测和处理问题能力，将砌体材料与机械、施工技术、结构常识和施工组织管理等内容融合为四个项目的教学，分别是砖混结构砌体工程、混凝土小型空心砌块砌体工程、填充墙砌体工程，以及一个综合训练单元，力图给学生一个完整、系统的砌体结构工程总体形象，从而树立对砌体结构工程施工的全局性的正确认识。

本书主要有以下特点：

1. 时效性强。本书结合当前砌筑工程常用的施工材料与施工工艺进行编写，删减了落后、淘汰的施工方法，适当引入相关新型施工工艺。

2. 突出标准、规范对砌体结构工程施工的约束和指导作用。密切结合《砌体结构通用规范》(GB 55007—2021)等最新的标准规范及标准设计图集，向学生灌输工程施工必须遵循标准、规范的理念，树立良好的职业意识。

3. 内容全面，注重实用性。教材的重心放在砌体结构工程主体施工这一主线的同时，对主要分部分项工程的类型、施工方法进行了横向拓展，以期达到横向关联、触类旁通的教学效果。

本书由江苏建筑职业技术学院陈飞敏主编，陈年和教授主审。由于编者经验和水平有限，书中疏漏和不妥之处在所难免，恳请专家同行、读者批评指正，以便进一步修改完善。

编　者

2021 年 9 月

目　录

立体化资源目录

第1章 绪　论

砌体结构简介

引　言

砌体结构历史悠久，应用广泛，与混凝土结构、钢结构、木结构并称为建筑四大结构。高职院校建筑工程专业的学生，如何理解砌体结构的概念？如何明确砌体结构的受力特点？砌体结构的发展趋势又将如何？本单元将一一细述，教你掌握砌体结构的基本知识。

学习目标

通过本单元的学习，你将能够：

(1) 掌握砌体结构的组成材料。

(2) 熟悉砌体结构力学性能。

(3) 了解砌体结构发展趋势。

砌体结构历史悠久，在我国应用很广泛，因为它可以就地取材，具有很好的耐久性及较好的化学稳定性和大气稳定性，有较好的保温隔热性能；和钢筋混凝土结构相比，节约水泥和钢材，砌筑时不需要模板及特殊的技术设备，可节约木材。但砌体结构也存在自重大、体积大，砌筑工作繁重，抗震性能很差等缺点。了解砌体结构的基本概念、组成材料、力学性能是学习砌体结构工程施工的基础。

1.1 砌体结构基本知识

【学习目标】

(1) 了解砌体结构的概念。

(2) 掌握砌体的力学性能与特点。

【关键概念】

砌体结构、抗压强度、砌体强度设计值

1.1.1 砌体结构的概念

砌体结构是指由块体和砂浆组砌而成的墙、柱、拱等作为主要受力构件的结构，是无筋砌体结构和配筋砌体结构的统称。常用的块体有砖、石、砌块，其中石砌体在路桥工程中还称圬工工程。

砖砌体，包括烧结普通砖、烧结多孔砖、蒸压灰砂普通砖、蒸压粉煤灰普通砖、混凝土

普通砖、混凝土多孔砖的无筋和配筋砌体。

砌块砌体，包括普通混凝土砌块、轻集料混凝土砌块的无筋和配筋砌体。

石砌体，包括各种料石和毛石的砌体。

1.1.2 砌体的物理力学性能

《砌体结构通用规范》

1. 砌体受压性能

受压是砌体的基本受力状态，砌体能承受的最大压应力，称为砌体的抗压强度。砌体的抗压强度是砌体的一个重要的强度指标，实际工程中的砌体构件大多是受压构件，主要利用砌体的抗压强度。

（1）砌体轴心受压的破坏过程

砌体是由块体和砂浆共同组成，其受压性能与单一均质材料不同。由于砂浆铺砌厚度不均匀等因素，块体的抗压强度不能充分发挥，使砌体的抗压强度一般低于块体的抗压强度。这里以砖砌体轴心受压试验为例，说明砌体的轴心受压破坏过程。砖砌体从开始加载直到破坏，按照裂缝的出现和发展等特点，可大致划分为以下三个阶段：

第一阶段：从开始加载到砌体中个别砖出现裂缝，如图 1－1(a)所示。在此阶段，随着压力的增大，单块砖内产生细小裂缝。如不再增加压力，单块砖内的裂缝停止发展。根据国内外的试验结果，砖砌体内产生第一条(批)裂缝时的压力约为破坏时压力的 50%～70%。

第二阶段：继续加载，砌体内单块砖内裂缝不断发展，并沿竖向通过若干皮砖，在砌体内逐渐形成贯通几皮砖的连续竖向裂缝，如图 1－1(b)所示。此时，即使压力不再增加，裂缝仍会继续发展，砌体已临近破坏，处于十分危险的状态。其压力约为破坏时压力的 80%～90%，相当于长期荷载作用下的破坏荷载。

第三阶段：压力继续增加，裂缝很快上下延伸并加宽，砌体被贯通的竖向裂缝分割成若干互不相连的独立小柱，最终因局部砌体被压碎或受压柱体丧失稳定而发生破坏。如图 1－1(c)所示。

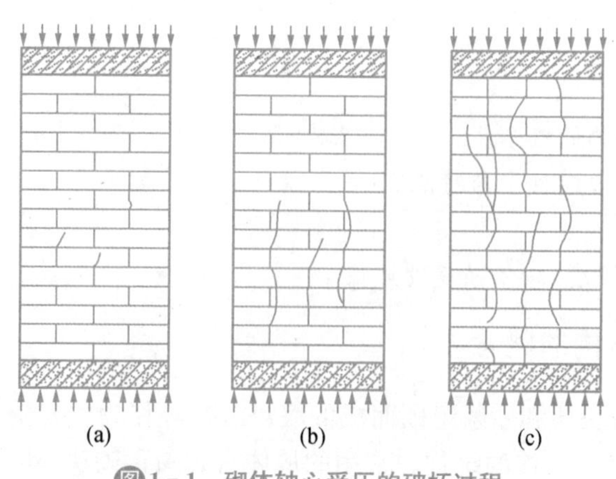

图 1－1　砌体轴心受压的破坏过程

由此可见，砖砌体受压时不但单块砖先裂，而且砌体的抗压强度也远低于所用砖的抗压强度。这一现象可用砌体内的单块砖所受的复杂应力作用加以说明。在压力作用下，砌体内单块砖的应力状态特点可从下面四点来阐述：

① 砌体受压应力状态分析

由于灰缝厚度和密实性不均匀，单块砖在砌体内并非均匀受压，而是处于受弯和受剪状态。

② 砌体横向变形时砖和砂浆的交互作用

在砖砌体中，由于砖和砂浆的弹性模量及横向变形系数的不同，一般砖的横向变形较中等强度等级的砂浆为小，所以在用这种砂浆砌筑的砌体内，由于二者的交互作用，砌体的横向变形将介于两种材料单独作用时的变形之间，亦即砖受砂浆的影响增大了横向变形，因此砖内出现了拉应力；相反，灰缝内的砂浆层受砖的约束，其横向变形减小，因此砂浆处于三向受压状态，其抗压强度将提高。

③ 弹性地基梁的作用

砖内受弯剪应力的大小不仅与灰缝厚度和密实性不均匀有关，而且还与砂浆的弹性性质有关。每块砖可视为作用在弹性地基上的梁，其下面的砌体即为弹性"地基"。地基的弹性模量愈小，砖的弯曲变形愈大，砖内发生的弯剪应力愈高。

④ 竖向灰缝上的应力集中

砌体的竖向灰缝未能很好地填满，同时竖向灰缝内砂浆和砖的黏结力也不能保证砌体的整体性。因此，在竖向灰缝上的砖内将发生横向拉应力和剪应力集中。

上述种种原因均导致砌体内的砖受到较大的弯曲、剪切和拉应力的共同作用。由于砖是一种脆性材料，它的抗弯、抗剪和抗拉强度很低，因而砌体受压时，首先是单块砖在复杂应力作用下开裂，在破坏时砌体内砖的抗压强度得不到充分发挥。

(2) 影响砌体抗压强度的因素

① 砖和砂浆的强度

砖和砂浆的强度指标是确定砌体强度的最主要因素。砖和砂浆的强度高，砌体的抗压强度亦高。试验证明，提高砖的强度等级比提高砂浆强度等级对增大砌体抗压强度的效果好。一般情况下的砖砌体，当砖强度等级不变，砂浆强度等级提高一级，砌体抗压强度只提高约15%；而当砂浆强度等级不变，砖强度等级提高一级，砌体抗压强度可提高约20%。由于砂浆强度等级提高后，水泥用量增多，因此，在砖的强度等级一定时，过高地提高砂浆强度等级并不适宜。但在毛石砌体中，提高砂浆强度等级对砌体抗压强度的影响较大。

② 砂浆的弹塑性性质

砂浆具有较明显的弹塑性性质，在砌体内采用变形率大的砂浆，单块砖内受到的弯、剪应力和横向拉应力增大，对砌体抗压强度产生不利影响。

③ 砂浆铺砌时的流动性和保水性

砂浆的流动性大，容易铺成厚度和密实性较均匀的灰缝，因而可以减小在砖内产生的弯剪应力，亦即可以在某种程度上提高砌体的抗压强度。采用混合砂浆代替水泥砂浆就是为了提高砂浆的流动性。纯水泥砂浆的流动性较差，所以纯水泥砂浆砌体强度约降低

5%～15%。但是，也不能过高地估计砂浆流动性对砌体强度的有利影响，因为砂浆的流动性大，一般在硬化后的变形率亦大，所以在某些情况下，可能砌体的强度反而会有降低。因此，最好的砂浆应当具有好的流动性，同时也有高的密实性。

④ 砌筑质量

砌体砌筑时水平灰缝的饱满度、水平灰缝的厚度、砖的含水率以及砌合方法等关系着砌体质量的优劣。由砌体的受压应力状态分析可知，砌筑质量对砌体抗压强度的影响实质上是反映它对砌体内复杂应力作用的不利影响程度。试验表明，水平灰缝砂浆愈饱满，砌体抗压强度愈高。当水平灰缝砂浆饱满度为73%时，砌体抗压强度可达到规定的强度指标。因此，砌体施工及验收规范中，要求水平灰缝砂浆饱满度大于80%。砌筑砖砌体时，砖应提前浇水湿润。研究表明，砌体的抗压强度随砖砌筑时的含水率的增大而提高，采用干砖和饱和砖砌筑的砌体与采用一般含水率的砖砌筑的砌体相比较，抗压强度分别降低15%和提高10%。但砖砌筑时的含水率对砌体抗剪强度的影响与此不同，在上述含水率时砌体抗剪强度均降低。此外，施工中砖浇水过湿，在操作上有一定困难，墙面也会因流浆而不能保持清洁。因此，作为正常施工质量的标准，要求控制砖的含水率为10%～15%。砌体内水平灰缝愈厚，砂浆横向变形愈大，砖内横向拉应力亦愈大，砌体内的复杂应力状态亦随之加剧，砌体的抗压强度亦降低。通常要求砖砌体的水平灰缝厚度为8～12 mm。砌体的砌合方法对砌体的强度和整体性的影响也很明显。通常采用的一顺一丁、梅花丁和三顺一丁法砌筑的砌体整体性好，砌体抗压强度可得到保证。但若采用包心砌法，由于砌体的整体性差，其抗压强度将大大降低。如湖南某工程采用包心砌法的砖柱，砌体抗压强度降低30%以上，引起的后果十分严重。

⑤ 块体的形状和灰缝厚度

砖形状的规则程度显著地影响砌体强度。当表面歪曲时将砌成不同厚度的灰缝，因而增加了砂浆层的不均匀性，引起较大的附加弯曲应力并使砖过早断裂。在一批砖中某些砖块的厚度不同时，将使灰缝的厚度不同而起很坏的影响，这种因素可使砌体强度降低达25%。当砖的强度相同时，用灰砂砖和干压砖砌成的砌体，其抗压强度高于一般用塑压砖砌成的砌体。原因是前者的形状较后者整齐。所以，改善砖的这方面指标，也是制砖工业的重要任务之一。

此外，对砌体抗压强度的影响因素还有龄期、竖向灰缝的填满程度、试验方法等，在此不再详述。

(3) 砌体轴心抗压强度平均值

砌体的抗压强度主要取决于块体的抗压强度，其次是砂浆的抗压强度。理论上砌体的抗压强度计算公式应包括所有的影响因素，但这是比较困难的，根据大量的试验经回归分析，砌体的轴心抗压强度的平均值可按式(1-1)计算：

$$f_m = k_1 f_1^{\alpha}(1+0.07 f_2) k_2 \tag{1-1}$$

式中，f_m——砌体轴心抗压强度平均值，MPa；

f_1——块体的强度等级值，MPa；

f_2——砂浆的抗压强度平均值；MPa；

α，k_1——不同类型砌体的块体形状、尺寸、砌筑方法等因素的影响系数；

k_2——砂浆强度不同对砌体抗压强度的影响系数。

各类砌体的 α、k_1、k_2 取值见表1-1。

表1-1　α、k_1、k_2 取值用表

砌体种类	$f_m=k_1 f_1^\alpha(1+0.07f_2)k_2$		
	k_1	α	k_2
烧结普通砖、烧结多孔砖、蒸压灰砂砖、蒸压粉煤灰砖	0.78	0.5	当 $f_2<1$ 时，$k_2=0.6+0.4f_2$
混凝土砌块	0.46	0.9	当 $f_2=0$ 时，$k_2=0.8$
毛料石	0.79	0.5	当 $f_2<1$ 时，$k_2=0.6+0.4f_2$
毛石	0.22	0.5	当 $f_2<2.5$ 时，$k_2=0.4+0.24f_2$

注：1. k_2在表列条件以外时均等于1。
2. 式中 f_1为块体（砖、石、砌块）的抗压强度等级值或平均值；f_2为砂浆抗压强度平均值。单位均以MPa计。
3. 混凝土砌块砌体的轴心抗压强度平均值，当 $f_2>10$ MPa时，应乘系数 $1.1\sim0.01f_2$，MU20的砌体应乘系数0.95，且满足当 $f_1\geqslant f_2$，$f_1\leqslant20$ MPa。

2. 砌体受拉性能

砌体通常用于受压构件，但在实际工程中有时也会遇到受拉的情况。例如圆形贮液池由于池内液体对池壁的压力，在垂直池壁截面内产生环向拉力。

(1) 砌体轴心受拉时的破坏形态

砌体轴心受拉时，有三种破坏形态：

① 当轴心拉力与砌体的水平裂缝平行时，砌体可能发生沿齿缝截面的破坏。如图1-2(a)所示，此时砌体的抗拉强度主要取决于水平灰缝的切向黏结力。

② 当轴心拉力与砌体的水平灰缝平行时，也可能沿块体和竖向灰缝截面破坏，如图1-2(b)所示，此时砌体的抗拉强度取决于块体本身的抗拉强度。只有块体的强度很低时，才会发生这种形式的破坏。通常用限制块体最低强度的办法加以防止。

③ 当轴向拉力与砌体的水平灰缝垂直时，砌体发生沿水平通缝截面的破坏，如图1-2(c)所示。发生这种破坏时，对抗拉承载力起决定作用的是块体和砂浆的法向黏结力，由于法向黏结力很小且无可靠保证，因此在实际工程中不允许采用沿通缝截面的受拉构件。

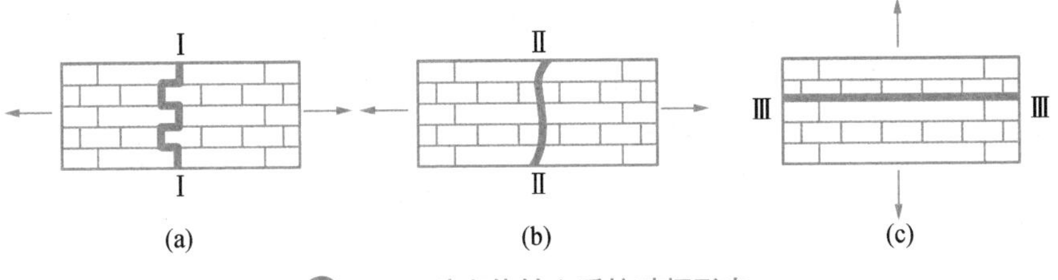

图1-2　砖砌体轴心受拉破坏形态

(2) 影响砌体抗拉性能的因素

砌体的抗拉强度主要取决于灰缝的强度，即砂浆的强度。在水平灰缝内和竖向灰缝内，砂浆与块体的黏结强度是不同的。在竖向灰缝内，由于砂浆未能很好地填满及砂浆硬化时的收缩，大大地削弱甚至完全破坏二者的黏接，因此，在计算中对竖向灰缝的黏接强度不予考虑。在水平灰缝中，当砂浆在其硬化过程中收缩时，砌体不断发生沉降，灰缝中砂浆和砖石的黏接不仅未遭到破坏，而且不断地增高，因此，在砌体抗拉强度计算中仅考虑水平灰缝中的黏结力，而不考虑竖向灰缝的黏结力。

砌体的抗拉承载力实际上取决于破坏截面上水平灰缝的面积，即与砌筑方式有关。一般是按块体的搭砌长度等于块体高度的情况确定砌体的抗拉强度，如果搭砌长度大于块体高度(如三顺一丁砌筑时)，则实际抗拉承载力要大于计算值，但因设计时不规定砌筑方式，所以不考虑其提高因素。

(3) 砌体轴心抗拉强度平均值

根据统计分析，砌体沿齿缝截面破坏的抗拉强度平均值可按下式计算：

$$f_{t,m}=k_3\sqrt{f_2} \tag{1-2}$$

式中，$f_{t,m}$——砌体沿齿缝截面破坏的抗拉强度平均值，MPa；

f_2——砂浆抗压强度平均值；

k_3——与砌体种类有关系数，见表1-2。

表1-2 k_3、k_4、k_5 取值用表

砌体种类	k_3	k_4		k_5
		沿齿缝	沿通缝	
烧结普通砖、烧结多孔砖、混凝土普通砖、混凝土多孔砖	0.141	0.250	0.125	0.125
蒸压灰砂普通砖、蒸压粉煤灰普通砖	0.090	0.180	0.090	0.090
混凝土砌块	0.069	0.081	0.056	0.069
毛料石	0.075	0.113	—	0.188

砌体沿块体截面破坏的抗拉强度平均值可按下式计算：

$$f_{t,m}=0.212\sqrt[3]{f_1} \tag{1-3}$$

式中，$f_{t,m}$——砌体沿块体截面破坏的抗拉强度平均值，MPa；

f_1——块体抗压强度平均值。

虽然砌体的抗拉强度有两种，但由于块体强度等级较高，所以砌体沿齿缝截面破坏的抗拉强度起决定作用，即砌体的轴心抗拉强度平均值。

3. 砌体受弯性能

(1) 砌体受弯破坏形式

砌体受弯破坏总是从截面受拉一侧开始，主要有以下三种破坏形式：

① 沿齿缝破坏，如图1-3(a)所示。墙壁的跨中截面直接承受压力的一侧弯曲受压，另一侧弯曲受拉，在受拉侧发生了沿齿缝截面的破坏。

② 沿块体和竖向灰缝破坏。与轴心受拉构件相似，仅当块体强度过低时发生这种形式的破坏，如图1-3(b)所示。

③ 沿水平灰缝发生弯曲受拉破坏，当弯矩作用使砌体水平通缝受拉时，砌体会在弯矩最大截面的水平灰缝处发生弯曲破坏，如图1-3(c)所示。

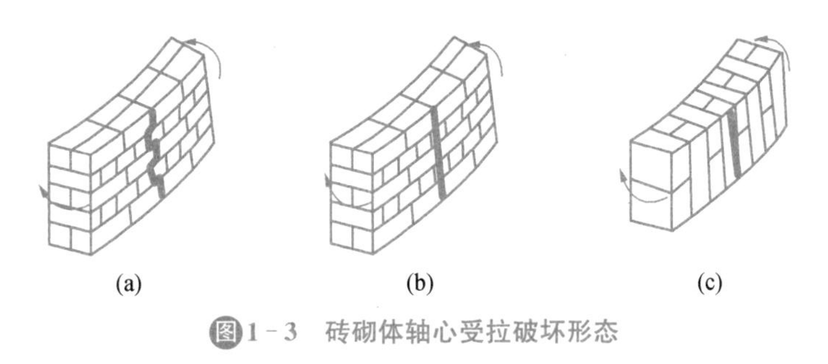

图1-3 砖砌体轴心受拉破坏形态

(2) 砌体弯曲抗拉强度平均值

砌体发生沿齿缝或沿通缝截面的弯曲破坏时，其弯曲抗拉强度平均值按下式计算：

$$f_{tm,m}=k_4\sqrt{f_2} \tag{1-4}$$

式中，$f_{tm,m}$——砌体弯曲抗拉强度平均值，MPa；

k_4——与砌体种类有关的系数，见表1-2；

f_2——砂浆的抗压强度平均值，MPa。

4. 砌体受剪性能

(1) 砌体受剪破坏形式

工程中纯剪的情况几乎不存在，通常压力与剪力共同存在。砌体受剪破坏形态如图1-4所示。

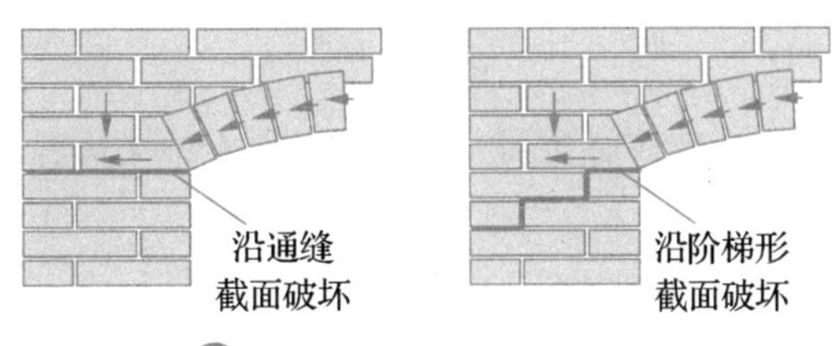

图1-4 砌体受剪破坏形态

（2）砌体受剪强度平均值

砌体发生沿通缝或沿阶梯形截面的受剪破坏时，其受剪强度平均值按下式计算：

$$f_{v,m}=k_5\sqrt{f_2} \quad (1-5)$$

式中，$f_{v,m}$——砌体抗剪强度平均值，MPa；

k_5——与砌体种类有关的系数，见表 1-2；

f_2——砂浆的抗压强度平均值，MPa。

5. 砌体的强度标准值与设计值

（1）砌体的强度标准值

砌体的强度标准值是一特征值，取值原则是取强度平均值 f_m 的概率密度函数 0.05 的分位值。砌体的强度标准值 f_k 可按下式计算：

$$f_k=f_m-1.645\sigma_f=f_m(1-1.645\delta_f) \quad (1-6)$$

式中，f_m——砌体强度的平均值；

σ_f——砌体强度的标准差；

δ_f——砌体强度的变异系数。

（2）砌体的强度设计值

砌体的强度设计值 f 是砌体结构构件进行承载力极限状态设计时所采用的砌体强度代表值，等于砌体的强度标准值除以材料性能分项系数 γ_f，计算公式如下：

$$f=\frac{f_k}{\gamma_k} \quad (1-7)$$

砌体的材料性能分项系数不仅考虑了可靠度，还考虑了对砌体强度的影响。我国《砌体结构工程施工质量验收规范》(GB 50203—2011)中将砌体施工质量控制等级分为 A、B、C 三级。一般情况下，砌体的材料性能分项系数宜按施工质量控制等级为 B 级来考虑，取值为 1.6；当砌体施工质量控制等级为 C 级时，取值为 1.8。

对于砌块砌体，灌孔和未灌孔强度设计值不同。例如，单排孔混凝土砌块对孔砌筑时，灌孔砌体的抗压强度设计值 f_g，计算公式如下：

$$f_g=f+0.6af_c \quad (1-8)$$

$$\alpha=\partial\rho \quad (1-9)$$

式中，f_g——灌孔砌体的抗压强度标准值，并不应大于未灌孔砌体抗压强度设计值的 2 倍；

f——未灌孔砌体抗压强度设计值；

f_c——灌孔混凝土的轴心抗压强度设计值；

α——砌块砌体中灌芯混凝土面积与砌体毛面积的比值；

∂——砌块的孔洞率；

ρ——混凝土砌块灌孔率，不应小于33%。

6. 砌体的变形模量

(1) 砌体的应力-应变关系

砌体是弹塑性材料，当荷载较小时，应力与应变近似呈直线关系，随着荷载的增加，变形增长速度逐渐加快，表现出明显的塑性性质。在接近破坏时，荷载增加很少，而变形急剧增长。根据国内外有关资料，砌体的应力-应变关系可以表达为：

$$\varepsilon=-\frac{1}{\xi}\ln\left(1-\frac{\sigma}{f_m}\right) \tag{1-10}$$

式中，ξ——弹性特征值，可根据试验或由式$\xi=460\sqrt{f_m}$确定；

f_m——砌体的抗压强度平均值，MPa。

(2) 砌体的变形模量

砌体的变形模量反映了砌体应力与应变之间的关系，其表达方式通常有以下三种：

① 切线模量

砌体应力-应变曲线上任一点切线与横坐标夹角α的正切，称为该点的切线模量。由式(1-10)可得：

$$E_t=\frac{d_\sigma}{d_\varepsilon}=\xi f_m\left(1-\frac{\sigma}{f_m}\right) \tag{1-11}$$

② 初始弹性模量

砌体应力-应变曲线在原点切线的斜率，称为初始弹性模量。以$\frac{\sigma}{f_m}=0$代入式(1-11)，可得：

$$E_0=\xi f_m \tag{1-12}$$

③ 割线模量

割线模量是指应力-应变曲线上某点与坐标原点所连割线的斜率，即

$$E_b=\frac{\sigma_A}{\varepsilon_A} \tag{1-13}$$

(3) 弹性模量的取值

在实际工程中需要既能反映砌体的变形性能，又能明确地、标准地取值的弹性模量，显然应力越小，弹性模量越能反映砌体的弹性性能。工程应用时一般取$\sigma=0.43f_m$时的割线模量为砌体的弹性模量E（石砌体除外），即

$$E=\frac{\sigma_{0.43}}{\varepsilon_{0.43}}=\frac{0.43f_m}{-\frac{1}{\xi}\ln 0.57}=0.765\xi f_m=0.8\xi f_m \tag{1-14}$$

上式可简写成：

$$E \approx 0.8E_0 \tag{1-15}$$

对于砖砌体，ξ 值可取 $460\sqrt{f_m}$，则

$$E \approx 370 f_m \sqrt{f_m} \tag{1-16}$$

为便于应用，按不同强度等级砂浆，取砌体的弹性模量与砌体的抗压强度设计值 f 成正比。对于石砌体，由于石材的弹性模量和抗压强度均远高于砂浆的弹性模量和抗压强度，砌体的受压变形主要由灰缝内砂浆的变形所引起，因此，石砌体的弹性模量可仅按砂浆强度等级确定。

各类砌体的弹性模量见表 1-3。

表 1-3　砌体的弹性模量(MPa)

砌体种类	砂浆强度等级			
	≥M10	M7.5	M5	M2.5
烧结普通砖、烧结多孔砖砌体	1 600 f	1 600 f	1 600 f	1 390 f
混凝土普通砖、混凝土多孔砖砌体	1 600 f	1 600 f	1 600 f	—
蒸压灰砂普通砖、蒸压粉煤灰普通砖砌体	1 600 f	1 600 f	1 600 f	—
非灌孔混凝土砌块砌体	1 700 f	1 600 f	1 500 f	—
粗料石、毛料石、毛石砌体	—	5 650	4 000	2 250
细料石砌体	—	17 000	12 000	6 750

单排孔且对孔砌筑的混凝土砌块灌孔砌体的弹性模量应按下式计算：

$$E = 2\,000 f_g \tag{1-17}$$

式中，f_g——灌孔砌体的抗压强度设计值。

1.1.3　砌体结构的特点

由于砌体结构的抗压强度较高而抗拉强度很低，因此，砌体结构构件主要承受轴心或小偏心压力，而很少受拉或受弯，一般民用和工业建筑的墙、柱和基础都可采用砌体结构。在采用钢筋混凝土框架和其他结构的建筑中，常用砌体做围护结构，如框架结构的填充墙。其他如烟囱、隧道、涵洞、挡土墙、坝、桥和渡槽等，也常采用砖、石或砌块砌体建造。

1. 砌体结构的优点

(1) 容易就地取材。砖主要用黏土、页岩烧制；石材的原料是天然石；砌块可以用工业废料——矿渣制作，来源方便，价格低廉。

(2) 技术性能好。砖、石或砌块砌体具有良好的耐火性和较好的耐久性。

(3) 降低工程造价。与钢结构、混凝土结构相比，砌体具有承重和围护的双重功能，节约水泥、钢材、木材三大材料，工程造价低。

(4) 有稳定的建筑物理性能。砖墙和砌块墙体能够隔热和保温,节能效果明显。所以既是较好的承重结构,也是较好的围护结构。

(5) 施工简便。砌体砌筑时不需要模板和特殊的施工设备,可以节省木材。不需专门的养护期,施工受季节影响较小,能进行连续施工操作。

2. 砌体结构的缺点

(1) 与钢和混凝土相比,砌体本身的强度较低,因而构件的截面尺寸较大,材料用量多,自重大。这对于高层建筑结构以及抗震都是不利的。

(2) 砌体结构基本上采用手工方式砌筑,施工劳动量大,生产效率低。

(3) 砂浆和块体之间的黏结力较弱,因此砌体的抗拉、抗剪强度都很低,因而抗震较差,在使用上受到一定限制;砖、石的抗压强度也不能充分发挥;抗弯能力低。

(4) 占用和消耗大量土地资源。黏土砖需用黏土制造,在某些地区过多占用农田,影响农业生产,不利于我国生态平衡和可持续发展。

随着科学技术的进步,砌体结构的缺点在工程实践的各种措施中逐渐得以克服和改善,如加强轻质高强砌块材料的研究,从而减小构件截面尺寸,减轻结构自重;采用构造柱、芯柱、配筋砌体及组合砌体来提高砌体的抗震能力;推广空心砖、混凝土空心砌块和大型墙板等新型墙材的应用和加快工业化生产和机械化施工方法,减轻劳动强度,节约土地资源,同时也改善居住环境,以利于国内生态平衡和可持续发展。

1.2 砌体结构的历史、现状及发展

【学习目标】

(1) 了解砌体结构的历史与现状。

(2) 掌握砌体结构的发展趋势。

【关键概念】

配筋砌体、预应力砌体

1.2.1 砌体结构的应用历史

砌体结构在我国有着悠久的发展历史,其中石砌体和砖砌体在我国更是源远流长,构成了我国独特文化体系的一部分。

考古资料表明,我国早在5000年前就建造有石砌体祭坛和石砌围墙。我国隋代开皇十五年至大业元年,即公元595—605年由李春建造的河北赵县安济桥,是世界上最早建造的空腹式单孔圆弧石拱桥。据记载,我国的万里长城始建于战国时期,在秦代用乱石和土将秦、燕、赵北面的城墙连成一体并增筑新的城墙,建成闻名于世的万里长城。人们生产和使用烧结砖也有三千年以上的历史。我国在战国时期已能烧制大尺寸空心砖。南北朝以后砖的应用更为普遍。建于公元523年的河南登封嵩岳寺塔,平面为十二边形,共15层,总高43.5 m,为砖砌单筒体结构,是中国最早的古密檐式砖塔。

砌块中以混凝土砌块的应用较早，混凝土砌块于1882年问世，混凝土小型空心砌块起源于美国，第二次世界大战后混凝土砌块的生产和应用技术传至美洲和欧洲的一些国家，继而又传至亚洲、非洲和大洋洲。

在国外砌体结构的发展也有很长的历史并得到了广泛的使用。举世闻名的埃及金字塔和神庙，巴比伦的空中花园，希腊的雅典卫城以及运动场，罗马的废墟、斗兽场，君士坦丁堡的圣索菲亚大教堂等，都是宏伟和历史悠久的砌体结构。

1.2.2　砌体结构的现状

目前国内住宅、办公楼等民用建筑中的基础、内外墙、柱、过梁、屋盖和地沟等都可用砌体结构建造。在工业厂房建筑及钢筋混凝土框架结构的建筑中，砌体往往用来砌筑围护墙。中、小型厂房和多层轻工业厂房，以及影剧院、食堂、仓库等建筑，也广泛地采用砌体作墙身或立柱的承重结构。砌体结构还用于建造其他各种构筑物，如烟囱、小型水池、料仓、地沟等。由于砖质量的提高和计算理论的进一步发展，5～6层高的房屋采用以砖砌体承重的混合结构非常普遍，不少城市建至7～8层。在某些产石材的地区，也可用毛石承重墙建造房屋。在交通运输方面，砌体结构除可用于桥梁、隧道外，地下渠道、漏洞、挡土墙也常用石材砌筑。在水利工程方面，可以用砌体结构砌筑坝、堰、水闸、渡槽等。由于无筋砌体的抗压性能突出，决定了其结构构件的尺寸很大，从经济性上限制了其房屋的高度。而砌体配筋的出现解决了这个难题，使得砌体结构从根本上由泥瓦匠的经验创造转变为工程化的结构形式。采用配筋砌体后，砌体结构又重新成为具有竞争能力的结构类型。

20世纪90年代以来，在吸收和消化国外配筋砌体结构成果的基础上，建立了具有我国特点的钢筋混凝土砌块砌体剪力墙结构体系，大大地拓宽了砌体结构在高层房屋及其在抗震设防地区的应用。配筋砌块建筑表现了良好抗震性能，在地震区得到应用与发展。可在地震设防区建造砌体结构房屋——合理设计、保证施工质量、采取构造措施。经震害调查和研究表明：地震烈度在六度以下地区，一般的砌体结构房屋能经受地震的考验；按抗震设计要求进行改进和处理，可在七度和八度设防区建造砌体结构的房屋。

1.2.3　砌体结构的发展趋势

目前我国生产的砖强度不高，所需结构尺寸大，因而自重亦大，同时手工砌筑工作量繁重，生产效率低，以致施工进度慢，建设周期长，这显然不符合大规模建设要求；尚应注意，砌体结构是用单块块体和砂浆砌筑的，目前大都用手工操作，质量较难保证，加之砌体抗拉强度低、抗震性能差等缺点，在应用时应注意规范的有关规定。但是，我国幅员广大，有些地区黏土和石材资源丰富，工业废料也亟待处理，随着新时代的发展，城市和农村各类建筑物的工程量将日益增多，因此砌体结构在很多领域内的继续使用，仍有现实意义。

1. 发展高强砌体材料

现在一些发达国家的抗压强度一般均达到30～60 MPa，甚至能达到100 MPa，承重空心砖的孔洞率可达到40%。根据国外经验和我国的条件，只要在配料、成型、烧结工艺上进行改进，是可以显著提高烧结砖的强度和质量的。根据我国对黏土砖的限制政策，可就地取材、因地制宜，在黏土较多的地区，如西北高原，发展高强黏土制品、高空隙率的保温砖和外墙装饰砖、块材等；在少黏土的地区发展高强砼砌块、承重装饰砌块和利废材料制成的砌块等。

在发展高强块材的同时，研制高强度等级的砌筑砂浆。根据发展趋势，为确保质量，在我国当前和今后的一段时期内，砌体结构仍将是一种重要的结构形式，砌体材料也将仍为我国建筑的主要墙体材料。

2. 继续加强配筋砌体和预应力砌体的研究

进一步研究砌体结构的破坏机理和受力性能，通过物理和数学模式，建立精确而完整的砌体结构理论，我国在这方面的研究具有较好的基础，继续加强这方面的工作十分有利，对促进砌体结构发展也有深远意义。为此还必须加强对砌体结构的实验技术和数据处理的研究，使测试自动化，以得到更精确的实验结果。

我国虽已初步建立了配筋砌体结构体系，但需研制和定型生产砌块建筑施工用的机具，如铺砂浆器、小直径振捣棒($\phi \leqslant 25$ mm)、小型灌孔混凝土浇筑泵、小型钢筋焊机、灌孔混凝土检测仪等。这些机具对配筋砌块结构的质量至关重要。

预应力砌体其原理同预应力混凝土，能明显改善砌体的受力性能和抗震能力。我国在此方面曾有过研究。国外，特别是英国在配筋砌体和预应力砌体方面的水平较高。

思考题

1. 什么是砌体结构？有什么特点？
2. 影响砌体抗压强度的主要因素有哪些？
3. 说说你对砌体结构的历史及现状的了解。

第2章 砖砌体工程

引言

砖是最为常见的块体材料，取材方便，应用广泛。对于砖砌体结构房屋，房屋构造是怎样的？常用的砌筑材料和施工机具有哪些？如何进行砌筑施工与过程控制？如何设置圈梁与构造柱？如何对砖砌体工程进行质量验收？本单元将一一细述，教你掌握砖砌体工程的施工全过程。

学习目标

通过本单元的学习，你将能够：

(1) 掌握砖砌体结构房屋的构造。

(2) 掌握砖砌体工程砌筑材料与施工机具。

(3) 掌握砖砌体工程施工工艺与验收标准。

(4) 熟悉砖砌体工程施工准备内容。

(5) 了解砖砌体施工过程控制要素。

在砖砌体结构房屋中，一般竖向承重结构的墙体采用砖来砌筑，构造柱、圈梁以及横向承重的梁、楼板、屋面板等采用钢筋混凝土结构，因此俗称“砖混结构”。也就是说，砖混结构是以小部分钢筋混凝土及大部分砖墙承重的结构。砖混结构适合开间进深较小，房间面积小，多层或低层的建筑，对于承重墙体不能改动。

2.1 砖砌体结构房屋简介

【学习目标】

(1) 熟悉砌体房屋层数与总高度限值。

(2) 掌握砖砌体结构房屋构造组成。

【关键概念】

多层砌体房屋、房屋总高度

砖砌体结构房屋一般只适合于7层及以下的房屋结构，房屋的层数和总高度不应超过表2-1的规定。

表 2－1　多层砌体房屋的层数和总高度限值(m)

房屋类别		最小墙厚度(mm)	设防烈度和设计基本地震加速条											
			6		7				8				9	
			0.05 g		0.10 g		0.15 g		0.20 g		0.30 g		0.40 g	
			高度	层数	高度	层数	高度	层数	高度	层数	高度	层数	高度	层数
多层砌体房屋	普通砖	240	21	7	21	7	21	7	18	6	15	5	12	4
	多孔砖	240	21	7	21	7	18	6	18	6	15	5	9	3
	多孔砖	190	21	7	18	6	15	5	15	5	12	4	—	—
	混凝土砌块	190	21	7	21	7	18	6	18	6	15	5	9	3
底部框架—抗震墙砌体房屋	普通砖多孔砖	240	22	7	22	7	19	6	16	5	—	—	—	—
	多孔砖	190	22	7	19	6	16	5	13	4	—	—	—	—
	混凝土砌块	190	22	7	22	7	19	6	16	5	—	—	—	—

1. 基础

砖混结构房屋基础一般为条形基础。2～3 层砖混结构房屋可以用毛石基础，也可以用砖基础；4 层及以上的房屋一般用钢筋混凝土条形基础。

2. 砖混结构承重墙体

砖混结构房屋的墙体一般用普通砖砌筑，大多为 24 墙、37 墙，北方地区因保温要求有 49 墙。地面以上的承重墙体也可使用多孔砖作为墙体砌筑材料。

为增加房屋的整体稳定，一般在房屋的转角处、纵横墙相交处、楼梯间等部位设置构造柱，当单面墙体长度达到 5 m 时，一般也加设构造柱，并与每层房屋楼板处设置的圈梁连接起来，共同增强建筑物的稳定性。

3. 混凝土楼板与屋面板

砖混结构房屋的荷载传递系统是：作用在楼面的荷载通过梁板传递到墙上，通过房屋基础传递到地基上。砖混结构房屋的楼板与屋面板大多为现浇钢筋混凝土结构，在农房建设中也有采用预制钢筋混凝土结构的。现浇钢筋混凝土结构的砖混结构房屋整体性好，有利于抗震设防。

4. 楼梯

砖混结构房屋的楼梯一般采用现浇钢筋混凝土板式楼梯。

5. 门窗

砖混结构房屋的门窗可采用木制门窗、金属门窗、塑料门窗等多种。

6. 阳台

阳台都是采用现浇钢筋混凝土结构，一般和楼板浇筑成整体。

2.2　砖砌体结构墙体构造与设计要求

【学习目标】

(1) 掌握砖砌体结构墙体细部构造的作用与施工工法。

(2) 了解砖砌体结构墙体作用与设计要求。

【关键概念】

墙身防潮层、门窗过梁、圈梁、构造柱

砖砌体结构
墙体构造

2.2.1　砖砌体结构墙体构造

砖混结构墙体的细部构造包括勒脚、防潮层、散水、明沟、门窗过梁、窗台、圈梁和构造柱等。

1. 勒脚

外墙与室外地面结合部位的构造做法称为勒脚。勒脚应与散水、墙身水平防潮层形成闭合的防潮系统。

(1) 勒脚的作用

一是保护墙脚不受外界雨、雪的侵蚀破坏；二是加固墙身，防止各种机械碰撞；三是对建筑物的立面处理产生一定的效果。

(2) 勒脚的高度

勒脚的高度主要取决于防止地面水上溅和室内地潮的影响，并适当考虑立面造型的要求，一般来说，勒脚的高度不应低于 700 mm，常与室内地面齐平。有时，为了考虑立面处理的需要，也可将勒脚做到与第一层窗台齐平。

(3) 勒脚的构造做法

勒脚的构造做法常有以下几种：

① 抹灰类勒脚：常对勒脚的外表面作水泥砂浆抹面，如图 2－1(a)、(b)所示，或其他有效的抹面处理，如采用水刷石、干黏石或斩假石等。

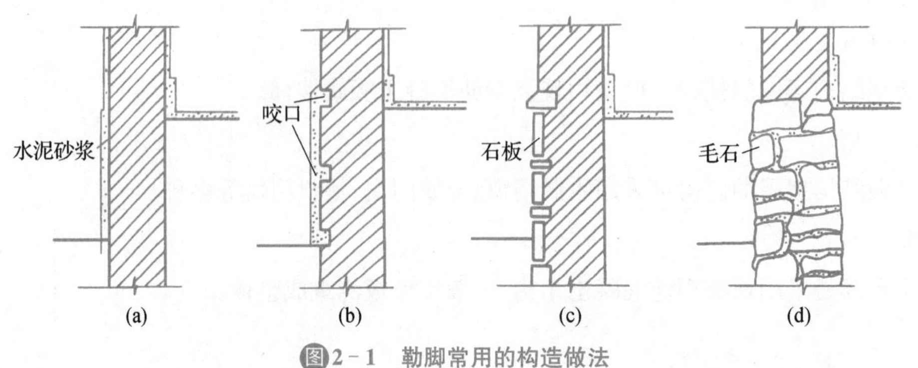

图2－1　勒脚常用的构造做法

② 贴面类勒脚：可用人工石材或天然石材贴面，如水磨石板、陶瓷面砖、花岗岩、大理石等。贴面勒脚耐久性强，装饰效果好，多用于标准较高的建筑，如图 2－1(c)所示。

③ 石砌勒脚：对勒脚容易遭到破坏的部分采用块石或石条等坚固的材料进行砌筑，如图 2－1(d)所示。

2. 墙身防潮层

(1) 墙身防潮层的作用

在墙身中设置防潮层的目的是防止土壤中的水分沿基础墙上升和位于勒脚处的地面水渗入墙内，使墙身受潮。因此，必须在内外墙的勒脚部位连续设置防潮层。构造形式上有水平防潮层和垂直防潮层两种。

(2) 墙身防潮层的位置

① 水平防潮层：当室内地面垫层为不透水材料(如混凝土)时，通常在－0.060 m 标高处设置，而且至少要高于室外地坪 150 mm，以防雨水溅湿墙身，如图 2－2(a)所示；当室内地面垫层为透水材料（如碎石、矿渣、炉渣等）时，水平防潮层的位置应平齐或高于室内地面一皮砖的地方，即在 ＋0.060 m 处，如图 2－2(b)所示。

② 垂直防潮层：当两相邻房间之间室内地面有高差时，应在墙身内设置高低两道水平防潮层，并在靠土壤一侧设置垂直防潮层，将两道水平防潮层连接起来，以避免回填土中的潮气侵入墙身，如图 2－2(c)所示。

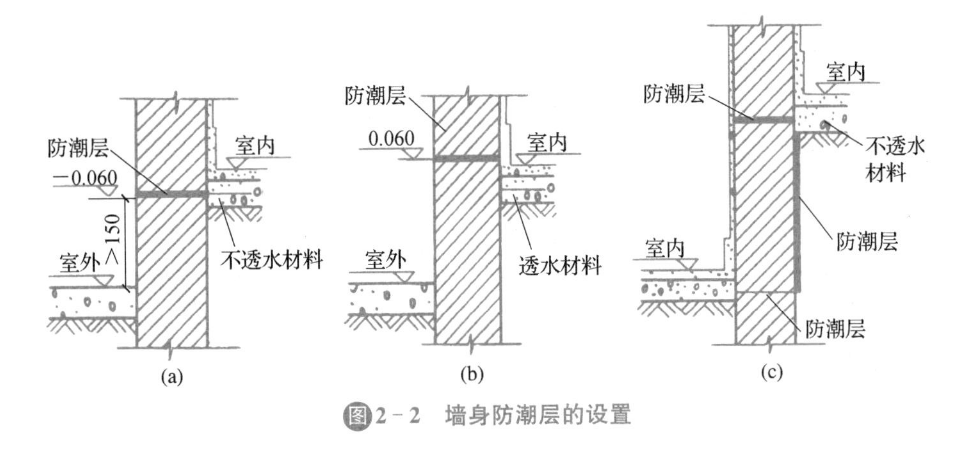

图 2－2　墙身防潮层的设置

(3) 墙身防潮层的构造做法

① 防水砂浆防潮层

在防潮层位置抹一层 20 mm 或 30 mm 厚 1∶3 水泥砂浆掺 5%的防水剂配制成的防水砂浆；也可以用防水砂浆砌筑 4～6 皮砖，位置在室内地坪上下。用防水砂浆作防潮层较适用于有抗震设防要求的建筑。

② 油毡防潮层

在防潮层部位先抹 20 mm 厚的砂浆找平层，然后干铺油毡一层或用热沥青黏贴一毡二油。油毡宽度同墙厚，沿长度铺设，搭接长度≥100 mm。油毡防潮层具有一定的韧性、延伸性和良好的防潮性能，但日久易老化失效，同时由于油毡层降低了上下砖砌体之间的黏结力，从而减弱了砖墙的抗震能力。

③ 细石混凝土防潮层

利用混凝土密实性好，有一定的防水性能，并能与砌体结合为一体的特点，常用60 mm厚的配筋细石混凝土防潮带。该做法适用于整体刚度要求较高的建筑中。

④ 垂直防潮层

对房间室内地坪存在高差部分的垂直墙面，除设置上下两道水平防潮层之外，这段垂直墙面(靠填土处一侧)先用水泥砂浆抹面，刷上冷底子油一道，再刷热沥青两道；也可以采用掺有防水剂的砂浆抹面的做法，墙的另一侧要求为水泥砂浆打底的墙面抹灰。

3. 散水

外墙四周将地面做成向外倾斜的坡面，这一坡面称为散水。

(1) 散水的作用

散水的作用是保护墙基不受雨水侵蚀，将屋面的雨水排至远处，这是保护房屋基础的有效措施之一。

(2) 散水的坡度与宽度

散水坡度一般为3%～5%，宽度为600～1 000 mm，当屋顶有出檐时，其宽度较出檐宽150～200 mm。

(3) 散水的构造做法

散水有如下几种做法：

① 混凝土散水：混凝土厚60～80 mm，每隔6～12 m应设伸缩缝，伸缩缝及散水与外墙接缝处，均应用热沥青填充，基层为素土夯实。

② 砖铺散水：平铺砖，砂浆勾缝，砂垫层，基层夯实。

③ 块石散水：片石平铺，1∶3水泥砂浆勾缝，基层为素土夯实。

④ 三合土散水：石灰∶砂∶碎石的配合比为1∶3∶6，厚80～100 mm拍打锤平。

4. 明沟

外墙四周或散水四周的排水沟称为明沟(或阳沟)。

(1) 明沟的作用

明沟可将屋面雨水有组织地导向集水井，排入地下排水道。

(2) 明沟的坡度

明沟的纵向坡度不小于1%。

(3) 明沟的构造做法

明沟可用混凝土、砖、块石等材料砌筑，通常用混凝土浇筑成宽180 mm、深150 mm的沟槽，外抹水泥砂浆。

5. 门窗过梁

门窗过梁是指门窗洞口上的横梁。

（1）过梁的位置

过梁位于门窗洞口及其他洞口的上部。

（2）过梁的作用

支撑洞口上砌体的重量和搁置在洞口砌体上梁、板传来的荷载，并将这些荷载传递给墙体。

（3）过梁的形式

① 砖拱过梁：砖砌平拱、弧拱。

② 钢筋砖过梁：在砖砌体灰缝中埋设钢筋。

③ 钢筋混凝土过梁：将钢筋混凝土梁架在洞口上部。

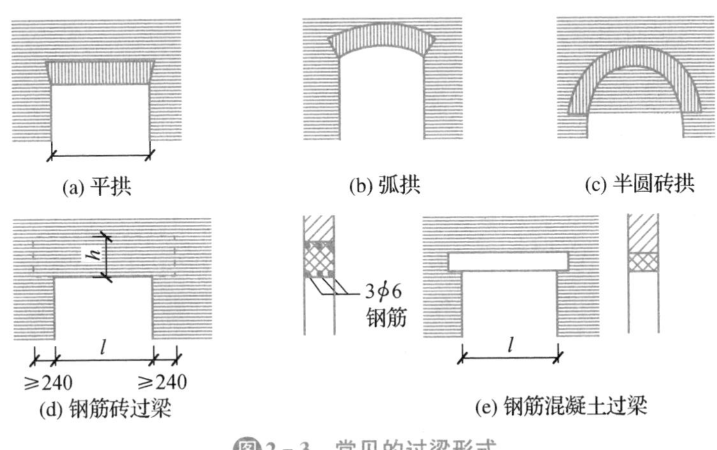

图2-3　常见的过梁形式

6. 窗台

窗台是窗洞下边缘构造处理。

（1）窗台的作用

窗台的作用是防止雨水沿窗台下的砖缝侵入墙身或透进室内，并美化房屋立面。

（2）窗台的类型

窗台按材料的不同有砖砌窗台和预制混凝土窗台之分；按砖砌窗台施工方法有平砌和侧砌两种；按所处的位置不同有外窗台和内窗台之分。

（3）窗台的构造要求

窗台宜挑出墙面60 mm左右，两端比洞口长120 mm，可连成腰线，表面做排水坡度，底边做滴水槽或滴水斜面。

7. 圈梁和构造柱

对于砖混结构房屋来说设置构造柱和圈梁已经是必然选项，世界上历次地震都表明设置了构造柱、圈梁的房屋在遭遇地震时，其抗震能力明显增强，几乎世界各国有关砖混结构规范中，不论计算需要与否，都把砖混结构中设置构造柱、圈梁作为必然要求，这种与计算关系不密切的设置要求，我们称之为构造要求。

(1) 圈梁

圈梁是在房屋的墙体内沿水平方向设置的钢筋混凝土梁。位于±0.000 以下基础顶面处设置的圈梁又称为地圈梁。在砌体结构房屋中，设置圈梁可以增强房屋的整体性和空间刚度，提高房屋抗震性能，同时圈梁可以调整墙体的应力分布，减少因基础不均匀沉降或较大振动荷载对建筑物的不利影响及其所引起的墙身开裂。

(2) 构造柱

在砖混结构房屋中，通常在房屋转角、纵横墙连接处，出现先砌墙(马牙槎)后浇灌混凝土的柱，称为构造柱。构造柱的作用是提高多层建筑砌体结构的抗震性能，并与圈梁紧密连接，形成空间骨架，增强建筑物的刚度，提高墙体的应变能力，使墙体由脆性变为延性较好的结构，做到裂而不倒。

2.2.2 砖砌体结构墙体设计要求

1. 墙体的作用

砖混结构房屋的墙体具有承重、围护和分隔的作用。墙体承受楼(屋面)板传来的荷载、自重荷载和风荷载的作用，要求其具有足够的承载力和稳定性。外墙起着抵御自然界各种因素对室内侵袭的作用，要求其有保温、隔热、防风、挡雨等方面的能力；内墙把房屋内部划分为若干房间和使用空间，起着分隔的作用。

2. 墙体的设计要求

根据位置和功能的不同，墙体设计应满足：

(1) 具有足够的强度和稳定性

墙体的强度与所用材料有关。如砖墙与砖、砂浆强度等级有关。

墙体的稳定性与墙的长度、高度、厚度以及纵、横向墙体间的距离有关。当墙身高度、长度确定后，通常可通过增加墙体厚度、增设墙垛、壁柱、圈梁等办法增加墙体稳定性。

(2) 具有必要的保温、隔热等方面性能

① 保温：外围护墙、复合墙等，通过密实缝隙、增加墙体厚度，可以起到保温的作用。

② 隔热：对于炎热的地区，墙体应有一定隔热能力。选用热阻大，重量大的材料，如砖、土等材料。墙体光滑、平整，选用浅色材料，增加墙体的反射能力。

(3) 满足隔声要求

墙体隔声主要是隔空气传声和撞击声，在设计时采取以下措施：

① 密缝：密实墙体缝隙，在墙体砌筑时，要求砂浆饱满，密实砖缝，并通过墙面抹灰解决缝隙。

② 墙体厚度：不同的墙体厚度，其隔声能力不同。如 240 mm 的墙体，可隔 49 dB 的噪声。

③ 采用有空气间层或多孔弹性材料的夹层墙。

(4) 满足防火要求

墙体应具有防火的能力，墙体材料及墙的厚度应符合防火规范规定的燃烧性能和耐火极限的要求。在较大的建筑和重要建筑中，还应按规定设置防火墙，将房屋分成若干段，以防止火灾蔓延。

(5) 减轻自重，降低造价

发展轻质高强的墙体材料是建筑材料发展的总体趋势。在进行墙体的构造设计时，应力求选用密度小、强度较大的材料。

(6) 适应建筑工业化要求

要逐步改革以普通黏土砖为主的块体材料，发展预制装配式墙体材料，从而降低劳动强度，提高施工效率。

2.3　砖砌体结构砌筑材料与施工机具

【学习目标】

(1) 掌握砖砌体结构常用砌筑材料的不同特点。

(2) 掌握砌筑用脚手架的类型与构造要求。

(3) 熟悉砌筑用工具与机械的作用与使用方法。

【关键概念】

普通砖、多孔砖、垂直运输机械、扣件式钢管脚手架、承插型盘扣式钢管支架

2.3.1　砌筑材料

砌筑材料与常用机具

1. 块体材料

(1) 普通砖

普通砖的外形为直角六面体，其公称尺寸为 240 mm×115 mm×53 mm，如图 2-4 所示。对其外形、尺寸做出这样的规定主要是考虑到在砌墙时加上灰缝的尺寸(10 mm)，使每 1 m 长内得到砖的长、宽、厚均为整数，并保持整数比。这样既可减少砍砖，又便于排砖和砌筑时错缝搭接。

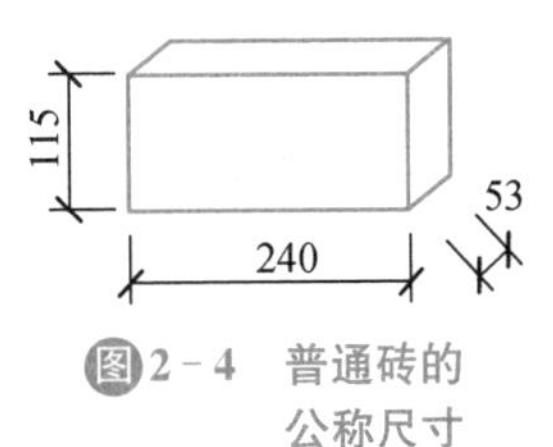

图2-4　普通砖的公称尺寸

普通砖的制作工艺有烧结与非烧结两种。

① 烧结普通砖。即以煤矸石、页岩、粉煤灰或黏土为主要原材料，经成型焙烧而成的实心(或孔洞率不大于 15%)的砖。烧结砖由于经过高温焙烧，砖块收缩已完成，故砌成的砌体收缩小。烧结普通砖具有一定的强度、较好的耐久性、一定的保温隔热性能，在建筑工程中可以用于砌筑各种承重墙体或用于非承重墙的找补位置。但烧结黏土砖需耗用好的黏土，破坏农田，因此被限制使用。

烧结普通砖按抗压强度分为 MU30、MU25、MU20、MU15 和 MU10 共 5 个强度等级。如 MU30 表示砖的极限抗压强度平均值为 30 MPa，即每平方毫米可承受 30 N 的压力。

烧结普通砖根据其尺寸偏差、外观质量、泛霜和石灰爆裂分为优等品(A)、一等品

(B)、合格品(C)三个质量等级。

② 非烧结普通砖。不经焙烧，一般采用蒸汽养护或蒸压养护的方法制成的砖均为非烧结砖。目前在承重结构中应用较多的有蒸压灰砂普通砖、蒸压粉煤灰普通砖等。

蒸压灰砂普通砖根据抗压强度和抗折强度分为 MU25、MU20、MU15 和 MU10 四级，MU25、MU20、MU15 的砖可用于基础及其他建筑部位，MU10 的砖仅可用于防潮层以上的建筑。

蒸压粉煤灰普通砖强度等级分为 MU30、MU25、MU20、MU15 和 MU10，可用于工业与民用建筑的墙体和基础，但用于基础和易受冻融和干湿交替作用的建筑部位必须使用 MU15 及以上强度等级的砖。

蒸压灰砂普通砖和蒸压粉煤灰普通砖不得用于长期受热(200℃以上)、受急冷急热和有酸性介质侵蚀的建筑部位。

(2) 多孔砖

多孔砖的外形为直角六面体，孔洞率不小于 25%，孔的尺寸小而数量多，抗压强度等级同普通砖，主要用于承重部位。砖孔形状有矩形长条孔、圆孔、椭圆孔等多种，使用时，孔洞应垂直于受压面。其长度、宽度、高度尺寸应符合下列要求：长度为 290 mm、240 mm、190 mm；宽度为 180 mm、175 mm、140 mm、115 mm；高度为 90 mm。如图 2-5 所示。其他规格尺寸由供需双方协商确定。多孔砖可以减轻结构自重，节约原料和能源，节省砌砖砂浆，减少砌筑工时。

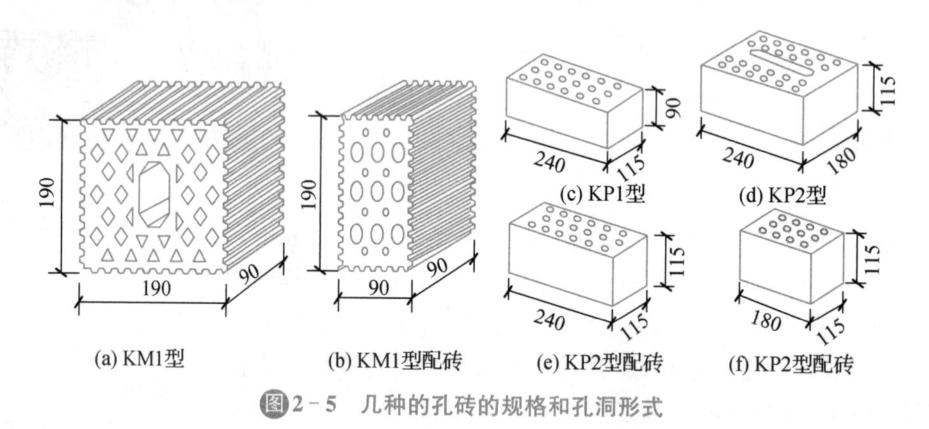

图 2-5　几种的孔砖的规格和孔洞形式

多孔砖的制造工艺同样有烧结与非烧结两种。

① 烧结多孔砖。以页岩、煤矸石、粉煤灰、黏土或淤泥(江河湖淤泥)及其他固体废弃物为主要原材料，经焙烧而成的多孔砖。根据抗压强度分为 MU30、MU25、MU20、MU15 和 MU10 五个强度等级。

砖的产品标记按产品名称、品种、规格、强度等级、密度等级和标准编号顺序编号。

标记示例：规格尺寸 290 mm ×140 mm ×90 mm、强度等级 MU25、密度 1 200 级的烧结黏土多孔砖，其标记为：烧结多孔 N 290×140×90　MU25　1 200《烧结多孔砖和多孔砌块》(GB 13544—2011)。

② 非烧结多孔砖。常用的有蒸压灰砂多孔砖和蒸压粉煤灰多孔砖。蒸压灰砂多孔

砖按抗压强度分为 MU30、MU25、MU20、MU15 四个等级，按尺寸允许偏差和外观质量分为优等品和合格品。蒸压粉煤灰多孔砖按强度分为 MU25、MU20、MU15 三个等级。

2. 砌筑砂浆

(1) 砌筑砂浆的分类

砌筑砂浆可以在现场制备，也可使用预拌砂浆。预拌砂浆包括干混砂浆和湿拌砂浆。干混砂浆是采用优质水泥、细骨料和聚合物添加剂合理配比而成的水泥基干粉材料，只需在工地加水后按要求以机械加以搅拌即可使用，灰水比 1∶0.12 左右。湿拌砂浆在专业生产厂家将经过计量的水泥、砂、矿物掺合料、添加剂和水，按一定比例拌制后，运至使用地点，并在规定时间内使用的拌合物。干混砂浆使用较为广泛。

根据砂浆组成材料的不同，常用于砌筑工程的砂浆有水泥砂浆和混合砂浆。水泥砂浆一般用于砌筑潮湿环境的砌体，混合砂浆一般用于室内地面以上墙体。

(2) 砂浆的强度等级

砂浆的强度等级是用边长为 70.7 mm 的立方体试块，以标准养护、龄期为 28 d 的抗压强度为准。砂浆按其抗压强度平均值分为 M2.5、M5.0、M7.5、M10、M15 共 5 个强度等级。常用砂浆强度等级为 M5.0、M7.5、M10。

(3) 砌体对所用砂浆的基本要求

砂浆应符合砌体强度及耐久性要求。

砂浆应具有良好的可塑性(即流动性)，应保证砂浆在砌筑时很容易而且均匀地铺开，以提高砌体强度和施工强度。

砂浆应具有足够的保水性(即砂浆能保持水分的能力)，在砂浆中增加石灰膏、黏土浆可以改善砂浆的保水性。

2.3.2 常用机具与机械

1. 砌筑用手工工具

常用砌筑用工具有：砖刀(图 2-6)；大铲(图 2-7)；刨锛、摊灰尺、溜子、灰板、抿子、砖夹、砖笼、灰槽、灰桶(图 2-8)；橡皮水桶、大水桶、灰铺、灰勺、钢丝刷、扫帚等。

图 2-6　砖刀

图 2-7　大铲

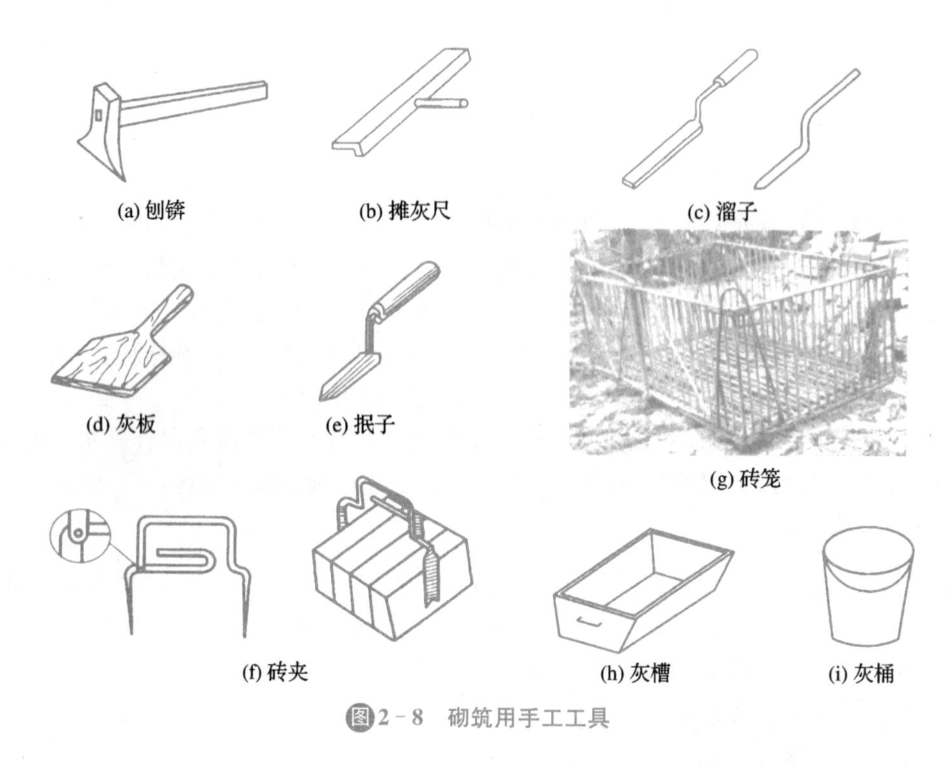

图2-8　砌筑用手工工具

2. 砌筑用检测工具

常用的检测工具(图 2-9)有:托线板、垂直检测尺,用以检查墙面垂直和表面平整;塞尺,用以检查墙面平整或门窗合缝宽度的数值;百格网,用以检查水平灰缝砂浆的饱满程度;米尺,用以检查墙的厚度和灰缝大小、门窗位置和标高;此外,还有水平尺、方尺、组合检查尺等。

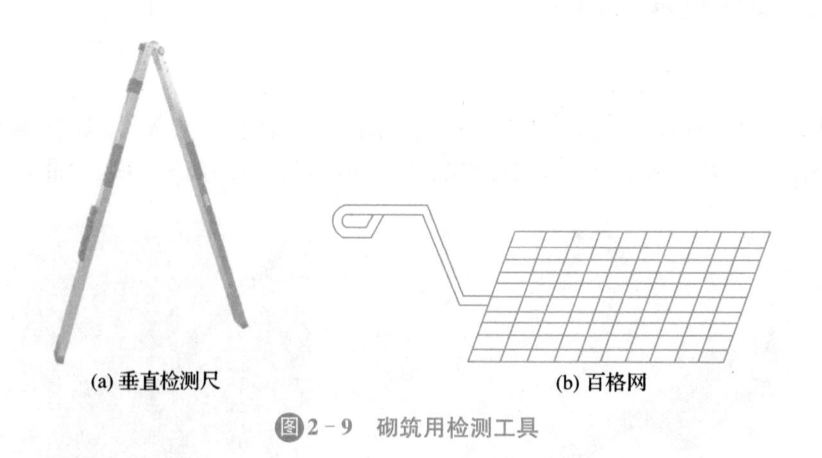

图2-9　砌筑用检测工具

3. 搅拌机械

砂浆可用砂浆搅拌机(图 2-10)进行搅拌,但由于砂浆搅拌机容量小,故目前施工现场常用混凝土搅拌机搅拌砂浆。

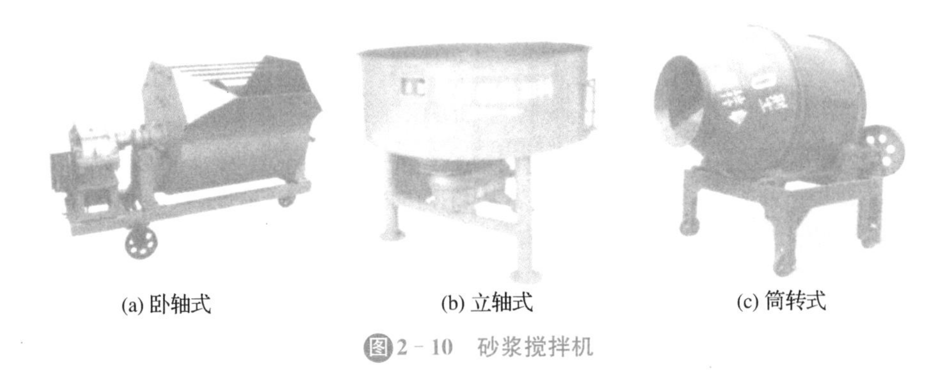

(a) 卧轴式　(b) 立轴式　(c) 筒转式

图 2－10　砂浆搅拌机

4. 运输机械

(1) 垂直运输机械

垂直运输工具主要有塔式起重机和建筑施工电梯，在高层建筑施工的装修阶段也有常用物料提升机(井字架、龙门架)运送块体和砂浆。

① 塔式起重机

塔式起重机俗称塔吊，既可以垂直运输材料，又可以水平运输材料，运输效率高、速度快，是砌体结构房屋施工首选机械。

② 施工电梯(施工升降机)

施工电梯是高层建筑施工中主要的垂直运输设备。它附着在建筑结构部位上或外墙上，随着建筑物的升高而升高，架设高度可达 200 m 以上。多数施工电梯为人货两用。施工电梯按其传动方式分为齿轮齿条式、钢丝绳式和混合式三种。齿轮齿条电梯又有单箱(笼)式和双箱(笼)式，并装有安全限速装置，适于 20 层以上建筑工程使用；钢丝绳式电梯为单吊箱(笼)，无限速装置，轻巧便宜，适于 20 层以下建筑工程使用。

③ 物料提升机

物料提升机分为井字架和龙门架，它是建筑施工中解决垂直运输常用的一种简单起重设备，一般由底盘、标准节、天梁、吊篮、钢丝绳、电动卷扬机、地锚、缆风绳及各种安全防护装置组成，属于一种不定型的半机械化产品，一般情况下其运输效率不及塔吊。

井字架是施工中最常使用和最为简便的垂直运输设施，如图 2－11 所示。它稳定性能好、运输量大、安全可靠，除用型钢或钢管加工的定型井架之外，还可采用脚手架搭设，起重量在 3 t 以内，起升高度达 60 m 以上，设缆风绳保持井架的稳定。缆风绳一般采用钢丝绳，数量不少于 4 根，与地面的夹角一般在 30°～45°，角度过大，则对井架产生较大的轴向压力。井字架可视需要设置悬臂杆。

龙门架是由二根立杆及天轮梁(横梁)构成的门式架。在龙门架上装设滑轮(天轮及地轮)、导轨、吊盘(上料平台)、安全装置以及起重索、缆风绳等即构成一个完整的垂直运输体系，如图 2－12。目前常用的组合立杆龙门架，其立杆是由钢管、角钢和圆钢组合焊接而成的。

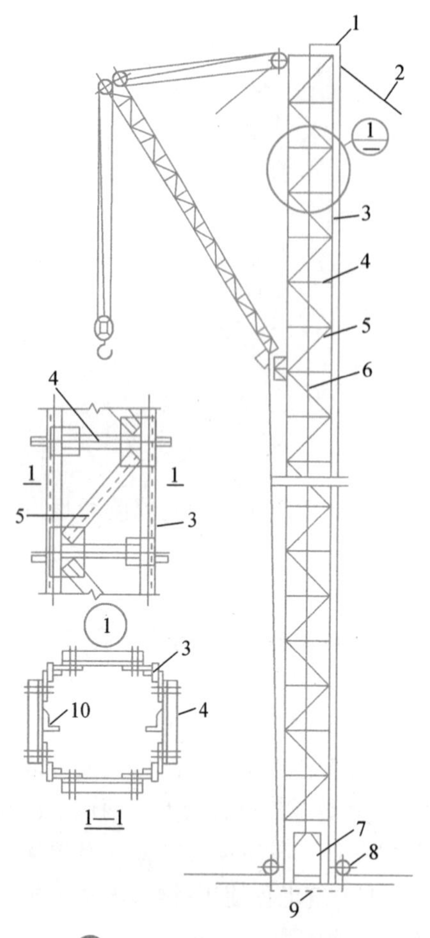

图2-11　普通型钢井架图

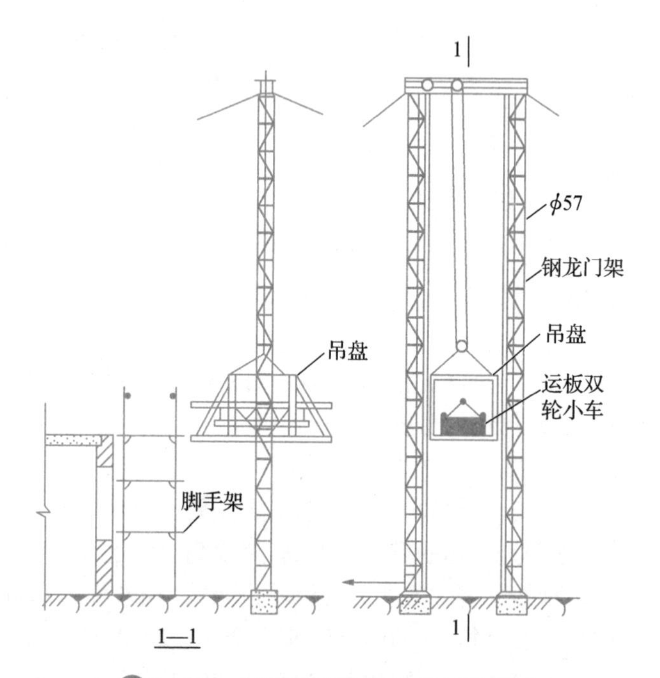

图2-12　龙门架构造及安装位置示意图

龙门架一般单独设置。在有外脚手架的情况下，可设在脚手架的外侧或转角部位，其稳定靠拉设缆风绳解决。亦可以设在外脚手架中间用拉杆将龙门架的立柱与脚手架拉结起来，以确保龙门架和脚手架的稳定。但在垂直脚手架的方向仍需设置缆风绳并设置附墙拉结。与龙门架相接的脚手架井架加设必要的剪刀撑予以加强。

龙门架构造简单，制作容易，用材少，装拆方便，适用于中小工程。由于其立杆刚度和稳定性较差，故一般用于低层建筑。起重高度为 15～30 m，起重量为 0.6～1.2 t。此种龙门架不能用于水平运输，因此，在地面、楼面上均要配手推车进行水平运输。

对于井架及龙门架高度在 15 m 以下时，在顶部设一道缆风绳，每角一根；15 m 以上每增高 7～10 m 增设一道。缆风绳最好用 7～9 mm 的钢丝绳(或 A8 mm 钢筋代用)，与地面夹角≤45°。缆风绳垫要有足够力量。

(2) 水平运输工具

地面水平运输使用最多的是手推车和灰浆车，楼面水平运输常采用手推车。

2.3.3　砌筑用脚手架

砌筑用脚手架

工人在施工现场砌筑砖墙时，适宜的砌筑高度为 0.6 m，这时的劳动生产率最高。砌筑到一定高度，不搭设脚手架，则砌筑工作就不能继续进行。考虑砌砖工作效率及施工组织等因素，从工作面算起，达到 1.2 m 高度时就应搭设脚手架，故将 1.2 m 高度称为“一步架”高度，又称为砖墙的可砌高度。

对砌筑工程来说，砌筑内外墙时一般工人是站在室内地面或楼面上砌筑，砌筑用脚手架一般选用里脚手架，由于高度不高(一般只需搭设 2～3 步)，通常采用马凳式、角钢折叠式、支柱式、门式等可移动方便的简易工具式脚手。即便如此，从安全角度考虑，应同时在外墙外侧逐层搭设固定式外脚手架，在结构主体阶段做安全防护用，在装修阶段做外墙装修脚手架使用。

1. 里脚手架

里脚手架是按照墙体位置划分的，在外墙外侧搭设的脚手架称为外脚手架，在外墙内侧搭设的脚手架称为里脚手架。里脚手架可用于砖混结构墙体砌筑和室内墙面的粉刷，是由支柱式排架和铺板构成，如图 2 - 13 所示，作为砌筑砌体作业架时，铺板 3～4 块，宽度应不小于 0.9 m；为抹灰作业架时，铺板宽度不少于 2 块或 0.6 m。

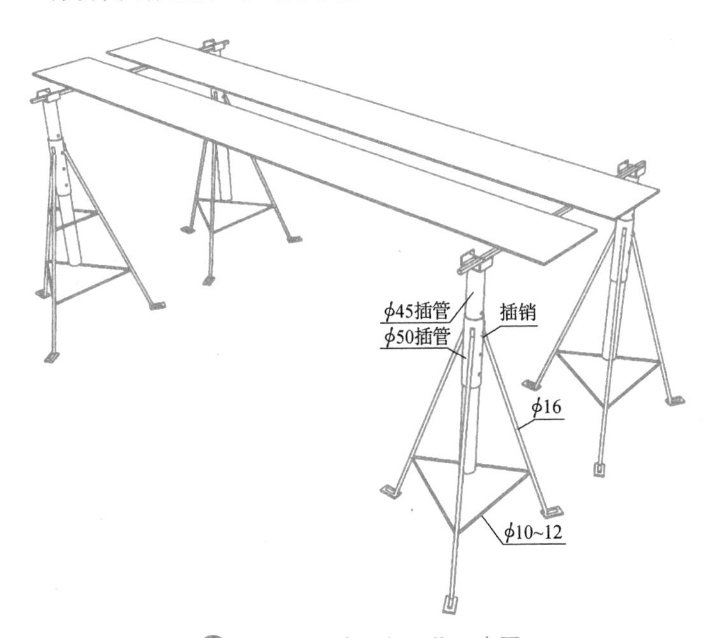

图 2 - 13　里脚手架工作示意图

里脚手架用工料较少，比较经济，但拆装频繁，故要求拆装方便灵活，广泛用于内外墙的砌筑和室内墙面装饰施工。里脚手架结构形式还有折叠式(图 2 - 14)、马凳式(图 2 - 15)等多种形式。

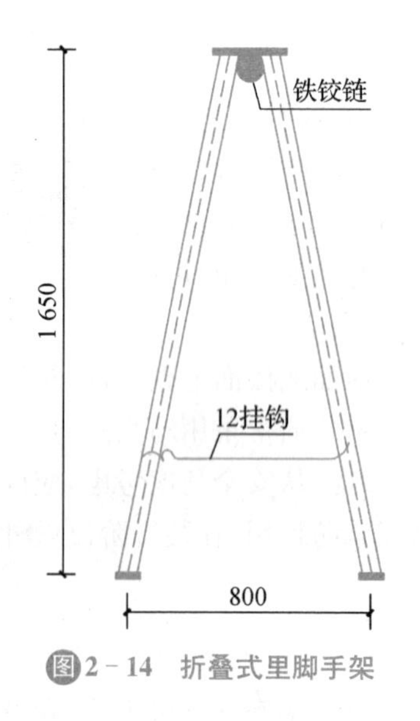

图2-14 折叠式里脚手架

图2-15 马凳式里脚手架

2. 外脚手架

外脚手架是指搭设在外墙外侧的脚手架，常用的有扣件式钢管脚手架、门式钢管脚手架及承插型盘扣式钢管支架等，对砖混结构房屋外墙来说，一般采用落地式多立杆脚手架即钢管扣件式脚手架，这种脚手架由钢管、扣件、脚手板等组成。主要杆件有立杆、大横杆、小横杆、剪刀撑、连墙杆等。钢管与钢管以扣件连接，脚手架与房屋之间以连墙杆相连接，具有安全可靠、便于装拆、适用性强等优点，可以周转使用。

(1) 扣件式钢管脚手架

扣件式钢管脚手架应优先选用 $\phi 48.3\times3.6$ 钢管，即外径为 48.3 mm，壁厚为 3.6 mm 的普通钢管，长度一般为 6 m，但目前市场上这种大部分钢管是 $\phi 48\times2.7\sim3.5$，且钢管壁厚大都在 3.0 mm，扣件有三种(图 2-16)：对接扣件，也称一字扣件，用于钢管的对称接头；回转扣件，用于连接扣紧两根任意角度相交的钢管；直角扣件，也称十字扣件，用于连接扣紧两根互相垂直相交的钢管。

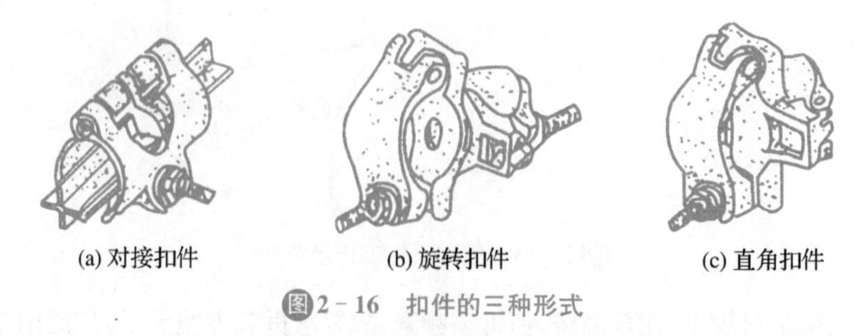

图2-16 扣件的三种形式

扣件式钢管脚手架的基本形式有双排式和单排式两种，其形式如图 2-17 所示。

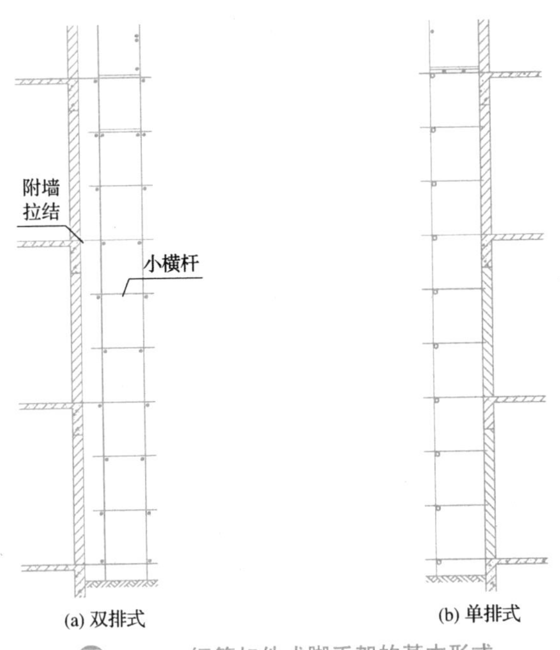

(a) 双排式　　(b) 单排式

图 2－17　钢管扣件式脚手架的基本形式

① 扣件式钢管双排脚手架

扣件式钢管双排脚手架搭设高度不宜超过 50 m，实际施工中由于受钢管扣件材质、脚手架基础等影响，其一次搭设高度一般不超过 30 m，而砖混结构房屋高度一般在 30 m 以下，因而被广泛采用。

如图 2－18，其构造组成要点如下：

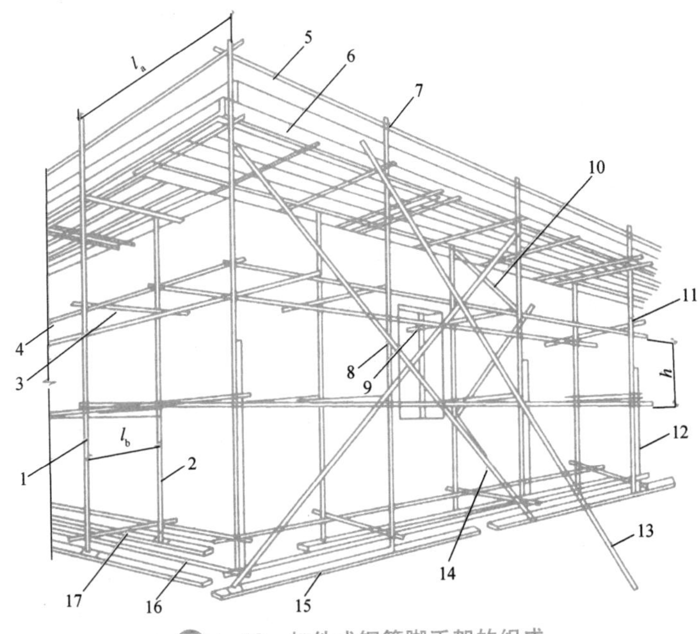

1—外立杆；2—内立杆；3—横向水平杆；4—纵向水平杆；5—栏杆；6—挡脚板；7—直角扣件；8—旋转扣件；9—连墙件；10—横向斜撑；11—主立杆；12—副立杆；13—抛撑；14—剪刀撑；15—垫板；16—纵向扫地杆；17—横向扫地杆

图 2－18　扣件式钢管脚手架的组成

a. 立杆。立杆又称立柱、竖杆、冲天等，是承受自重和施工荷载的主要受力杆件。立杆横距为 0.9～1.5 m(一般为 1.2 m)，纵距为 1.4～2.0 m(一般为 1.5 m)。相邻立杆的接头位置应在不同的步距(上下二排横杆之间的距离)内，与相邻大横杆的距离不宜大于步距的 1/3。

b. 大横杆。大横杆又称纵向水平杆、牵杠等，是连系立杆平行于墙面的水平杆件，起连系和纵向承重作用。步距为 1.6～1.8 m。上下横杆的搭接位置应相互错开布置在不同的立杆纵距中，与相近的立杆的距离不大于纵距的 1/3。

c. 小横杆。小横杆又称横向水平杆，是垂直于墙面的水平杆，与立杆、大横杆相交，并支承脚手板，其位置可以在大横杆上部或下部，一般位于上部。大横杆与立杆连接处必须布置小横杆，在同一步距的两个立杆之间至少设置 1 根小横杆。

d. 剪刀撑。剪刀撑又称十字撑。剪刀撑应连系 3～4 根立杆，斜杆与水平面夹角宜为 45°～60°范围内，十字交叉地绑扎在脚手架的外侧，能加强脚手架的纵向整体刚度和平面稳定性。高度在 24 m 及以上的双排脚手架应在外侧立面连续设置剪刀撑；高度在 24 m 以下的单、双排脚手架，均必须在外侧立面两端、转角及中间间隔不超过 15 m 的立面上，各设置一道剪刀撑，并应由底至顶连续设置(图 2－19)。

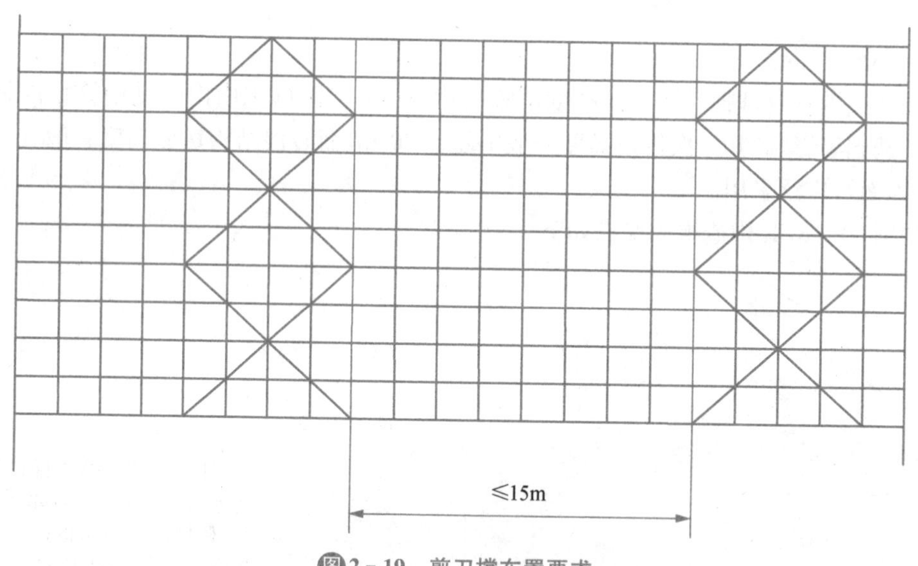

图 2－19　剪刀撑布置要求

e. 抛撑。抛撑设置在脚手架的外侧，是临时支撑，一般在连墙杆未能设置之前设置。与地面成 60°，是横向撑住脚手架的斜杆，起防止脚手板外倾的作用，抛撑的间距要求不超过 6 倍的立杆间距，并应在地面支点处铺设垫板。

f. 连墙杆。连墙杆每 3 步 3 跨设置一根，每根连墙杆覆盖面积不超过 40 m²，设置位置应靠近杆件节点处。其作用是不仅防止架子向外倾或往里倒，对脚手架安全至关重要，同时能增加立杆的纵向刚度，从而提高脚手架的抗失稳能力，与墙体连接有刚性连接和柔性连接两种(图 2－20)，高度在 24 m 以上的脚手架必须采用刚性连接，高度在 24 m 以下可以采用刚性连接，也可以采用柔性连接，实际工程中一般都采用刚性连接。

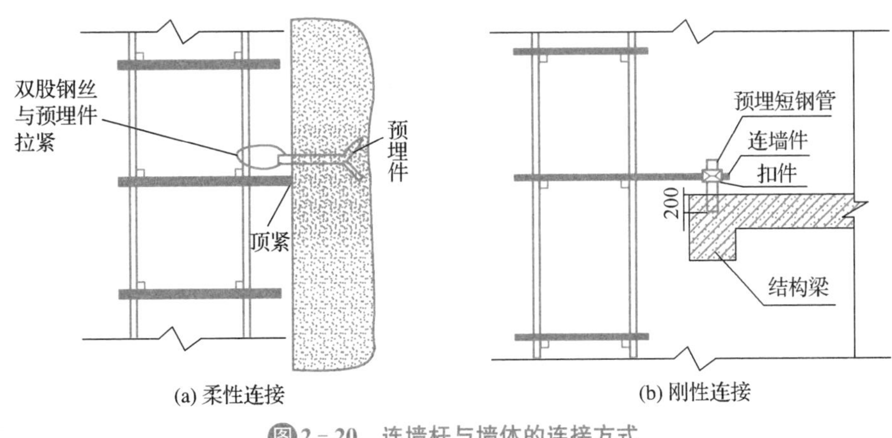

(a) 柔性连接　　(b) 刚性连接

图 2-20　连墙杆与墙体的连接方式

g. 扫地杆。指最下一层纵横向水平杆，用于连接立柱下端。通常距底座下皮 200 mm，用以约束立杆底端的纵横方向上的位移。

② 扣件式钢管单排脚手架

单排脚手架与双排脚手架相比少了一排里侧立杆，因而其小横杆的另一端必须搁置在墙体上，需在墙体上留设脚手眼，其构架形式与双排脚手架基本相同，实际应用中其安全性较差，在使用上受到一定的限制，搭设高度不应超过 24 m，不得用于有装饰要求的外墙面及清水墙。

在下列墙体或部位不得设置脚手眼：120 mm 厚墙、清水墙、料石墙、独立柱和附墙柱；过梁上与过梁成 60°的三角形范围及过梁净跨度 1/2 的高度范围内；宽度小于 1 m 的窗间墙；砌体门窗洞口两侧 200 mm（石砌体为 300 mm）和转角处 450 mm（石砌体为 600 mm）范围内；梁或梁垫下及其左右 500 mm 范围内；设计不允许设置脚手眼的部位；轻质墙体；夹心复合墙外叶墙。

③ 扣件式钢管脚手架的搭设和拆除

脚手架搭设的地基一般为回填土，需要认真夯实找平，做好排水处理。立杆底座下垫以方木板或型钢或砼垫层，如图 2-21 所示。杆件搭设时应注意立杆垂直，竖立第一节立柱时，每 6 跨应暂设一根抛撑，直至固定件架设好后方可根据情况拆除。剪刀撑搭设时将一根斜杆扣在小横杆的伸出部分，同时随着墙体的砌筑，设置连墙杆与墙锚拉，扣件要拧紧。

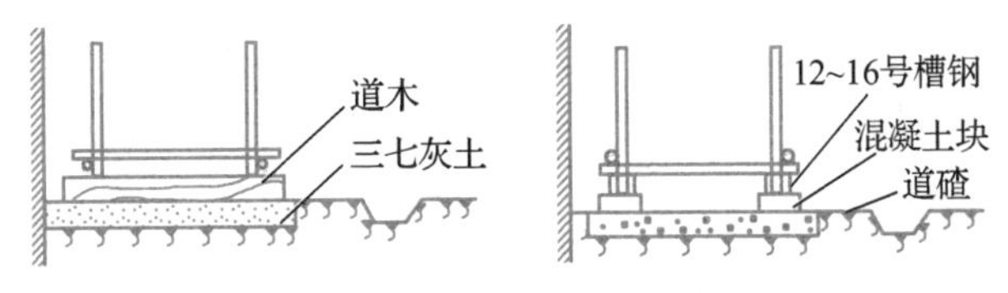

图 2-21　脚手架基础做法

脚手架的拆除应按施工脚手架专项方案规定的措施执行，拆除前应对施工人员进行交底，并应清除脚手架上杂物及地面障碍物，且需设置安全警戒线。按由上而下逐层向下的顺序进行，严禁上下同时作业；连墙件必须随脚手架逐层拆除，严禁先将连墙件整层或数层拆除后再拆脚手架；分段拆除高差大于两步时，应增设连墙件加固。当脚手架拆至下部最后一根长立杆的高度时，应先在适当位置搭设临时抛撑加固后，再拆除连墙件。当单、双排脚手架采取分段、分立面拆除时，对不拆除的脚手架两端，应先按规范设置连墙件和横向斜撑加固。

严禁将整层或数层固定件拆除后再拆脚手架；严禁抛扔，卸下的材料应集中堆放；严禁行人进入施工现场，要统一指挥，保证安全。

(2) 门式钢管脚手架

① 门式钢管脚手架构造要求

门式脚手架是可以用作里脚手架和外脚手架使用的一种多功能门型脚手架。故称之为多功能脚手架。其基本单元由 2 个门式框架、2 个剪刀撑和 1 个水平梁架、4 个连接器组合而成，如图 2-22 所示。使用时可在高度方向接高、纵向接长，形成整片脚手架，底部门架的立杆下端宜设置固定底座或可调底座。可调底座和可调托座的调节螺杆直径不应小于 35 mm，可调底座的调节螺杆伸出长度不应大于 200 mm。

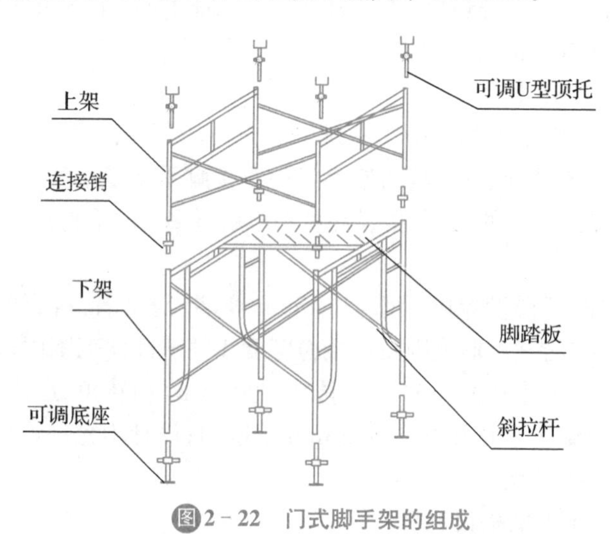

图2-22 门式脚手架的组成

门式脚手架剪刀撑的设置必须符合下列规定：

a. 当门式脚手架搭设高度在24 m及以下时，在脚手架的转角处、两端及中间间隔不超过 15 m 的外侧立面必须各设置一道剪刀撑，并应由底至顶连续设置。

b. 当脚手架搭设高度超过 24 m 时，在脚手架全外侧立面上必须设置连续剪刀撑；

c. 当用作搭设悬挑脚手架，在脚手架全外侧立面上必须设置连续剪刀撑。

门式脚手架应在门架两侧的立杆上设置纵向水平加固杆，并应采用扣件与门架立杆扣紧。水平加固杆设置应符合下列要求：

a. 在顶层、连墙件(即连墙杆)设置层必须设置。

b. 当脚手架每步铺设挂扣式脚手板时，至少每 4 步应设置一道，并宜在有连墙件的水平层设置。

c. 当脚手架搭设高度小于或等于 40 m 时，至少每两步门架应设置一道；当脚手架搭设高度大于 40 m 时，每步门架应设置一道。

d. 在脚手架的转角处、开口型脚手架端部的两个跨距内，每步门架应设置一道。

e. 当用作搭设悬挑脚手架时,每步门架应设置一道。

f. 在纵向水平加固杆设置层面上应连续设置。

门式脚手架的底层门架下端应设置纵、横向通长的扫地杆。纵向扫地杆应固定在距门架立杆底端不大于 200 mm 处的门架立杆上,横向扫地杆宜固定在紧靠纵向扫地杆下方的门架立杆上。

② 门型脚手架的搭设与拆除

门型脚手架一般按以下程序搭设:铺放垫木→放底座→设立门架→安装剪刀撑→安装水平梁架→安装梯子→安装水平加固杆→安装连墙杆→按照上述步骤,逐层向上安装→安装加强整体刚度的长剪刀撑→装设顶部栏杆。

搭设门型脚手架时,基底必须先平整夯实。外墙脚手架必须通过扣墙管与墙体拉结,并用扣件把钢管和处于相交方向的门架连接起来,如图 2-23 所示。整片脚手架必须适量放置水平加固杆(纵向水平杆),前三层要每层设置,三层以上则每隔三层设一道。在架子外侧面设置长剪刀撑。使用连墙管或连墙器将脚手架与建筑物连接。高层脚手架应增加连墙点布设密度。拆除架子时应自上而下进行,部件拆除顺序与安装顺序相反。

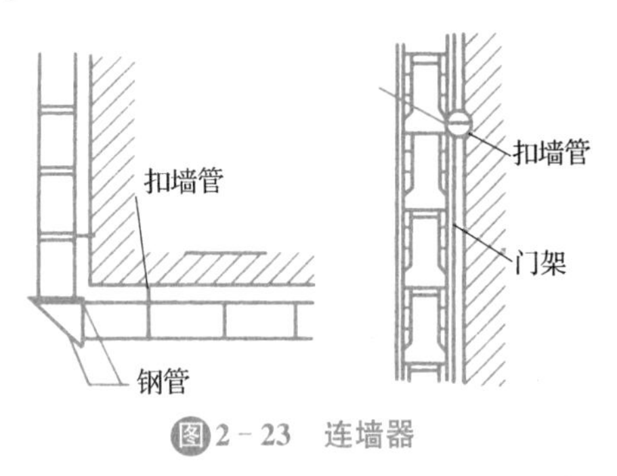

图2-23 连墙器

(3) 承插型盘扣式钢管支架

承插型盘扣式钢管支架由立杆、水平杆、斜杆、可调底座及可调托座等构配件构成(图 2-24)。立杆采用套管承插连接,水平杆和斜杆采用杆端扣接头卡入连接盘,用楔形插销连接,形成结构几何不变的钢管支架。根据其用途可分为模板支架和脚手架两类。

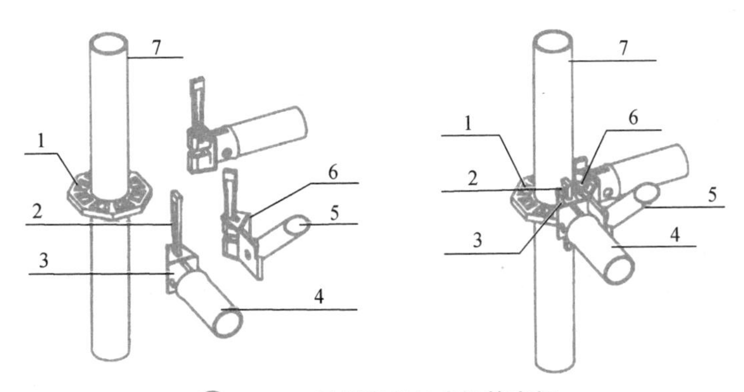

图2-24 承插型盘扣式钢管支架

1—连接盘;2—插销;3—水平杆杆端扣接头;4—水平杆;5—斜杆;6—斜杆杆端扣接头;7—立杆

① 承插型盘扣式钢管支架构造要求

用承插型盘扣式钢管支架搭设双排脚手架时,搭设高度不宜大于 24 m。可根据使用要求选择架体几何尺寸,相邻水平杆步距宜选用 2 m,立杆纵距宜选用 1.5 m 或 1.8 m,且不宜大于 2.1 m,立杆横距宜选用 0.9 m 或 1.2 m。

脚手架首层立杆宜采用不同长度的立杆交错布置，错开立杆竖向距离不应小于500 mm，当需设置人行通道时，立杆底部应配置可调底座。

双排脚手架的斜杆或剪刀撑设置应符合下述要求：沿架体外侧纵向每5跨每层应设置一根竖向斜杆或每5跨间应设置扣件钢管剪刀撑，端跨的横向每层应设置竖向斜杆，如图2-25所示。

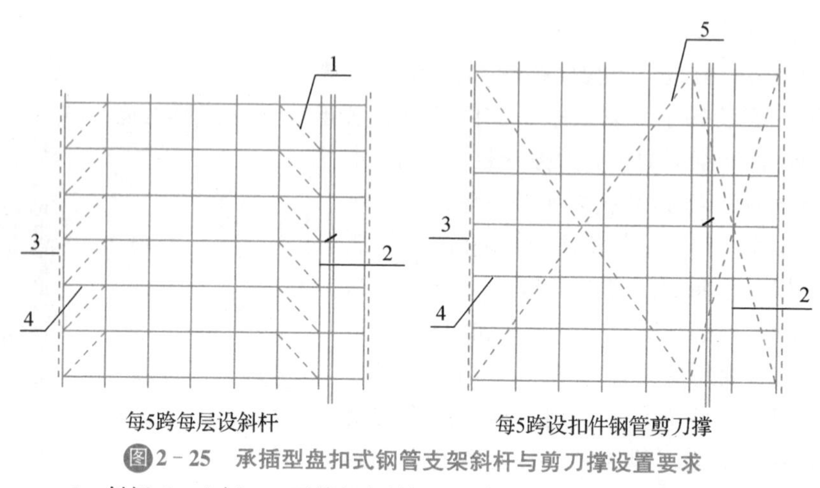

图2-25 承插型盘扣式钢管支架斜杆与剪刀撑设置要求

1—斜杆；2—立杆；3—两端竖向斜杆；4—水平杆；5—扣件钢管剪刀撑

承插型盘扣式钢管支架应由塔式单元扩大组合而成，拐角为直角的部位应设置立杆间的竖向斜杆。当作为外脚手架使用时，单跨立杆间可不设置斜杆。

当设置双排脚手架人行通道时，应在通道上部架设支撑横梁，横梁截面大小应按跨度以及承受的荷载计算确定，通道两侧脚手架应加设斜杆；洞口顶部应铺设封闭的防护板，两侧应设置安全网；通行机动车的洞口，必须设置安全警示和防撞设施。

连墙件的设置规定：

a. 连墙件必须采用可承受拉压荷载的刚性杆件，连墙件与脚手架立面及墙体应保持垂直，同一层连墙件宜在同一平面，水平间距不应大于3跨，与主体结构外侧面距离不宜大于300 mm。

b. 连墙件应设置在有水平杆的盘扣节点旁，连接点至盘扣节点距离不应大于300 mm；采用钢管扣件作连墙杆时，连墙杆应采用直角扣件与立杆连接。

c. 当脚手架下部暂不能搭设连墙件时，宜外扩搭设多排脚手架并设置斜杆形成外侧斜面状附加梯形架，待上部连墙件搭设后方可拆除附加梯形架。

作业层设置规定：

a. 钢脚手板的挂钩必须完全扣在水平杆上，挂钩必须处于锁住状态，作业层脚手板应满铺。

b. 作业层的脚手板架体外侧应设挡脚板、防护栏杆，并应在脚手架外侧立面满挂密目安全网；防护上栏杆宜设置在离作业层高度为1 000 mm处，防护中栏杆宜设置在离作业层高度为500 mm处。

c. 当脚手架作业层与主体结构外侧面间间隙较大时，应设置挂扣在连接盘上的悬挑三脚架，并应铺放能形成脚手架内侧封闭的脚手板。

② 承插型盘扣式钢管支架搭设与拆除

脚手架立杆应定位准确，并应配合施工进度搭设，一次搭设高度不应超过相邻连墙件以上两步。

连墙件应随脚手架高度上升在规定位置处设置，不得任意拆除。

加固件、斜杆应与脚手架同步搭设。采用扣件钢管做加固件、斜撑时应符合现行行业标准《建筑施工扣件式钢管脚手架安全技术规范》(JGJ 130—2011)的有关规定。

当脚手架搭设至顶层时，外侧防护栏杆高出顶层作业层的高度不应小于1 500 mm。

当搭设悬挑外脚手架时，立杆的套管连接接长部位应采用螺栓作为立杆连接件固定。

脚手架可分段搭设、分段使用，应由施工管理人员组织验收，并应确认符合方案要求后使用。

脚手架应经单位工程负责人确认并签署拆除许可令后拆除。

脚手架拆除时应划出安全区，设置警戒标志，派专人看管。

拆除前应清理脚手架上的器具、多余的材料和杂物。

脚手架拆除应按后装先拆、先装后拆的原则进行，严禁上下同时作业。连墙件应随脚手架逐层拆除，分段拆除的高度差不应大于两步。如因作业条件限制，出现高度差大于两步时，应增设连墙件加固。

(4) 悬吊式脚手架

悬吊式脚手架是利用吊索悬吊吊架或吊篮进行砌筑或装饰工程操作的一种脚手架，能够替代传统脚手架，减轻劳动强度，提高工作效率，并能够重复使用。主要组成部分有悬吊平台、提升机、安全锁、悬挂结构和电气控制箱等(图2-26)。操作人员必须身体健康，并经过专业培训考试合格，在取得有关部门颁发的操作证后方可独立操作。学员必须在师傅的指导下进行操作。作业中，发现运转不正常时，应立即停机，并采取安全保护措施。未经专业人员检验修复前不得继续使用。利用吊篮进行电焊作业时，必须对吊篮、钢丝绳进行全面防护，不得用其作为接线回路。作业后，吊篮应清扫干净，悬挂离地面3 m处，切断电源，撤去梯子。

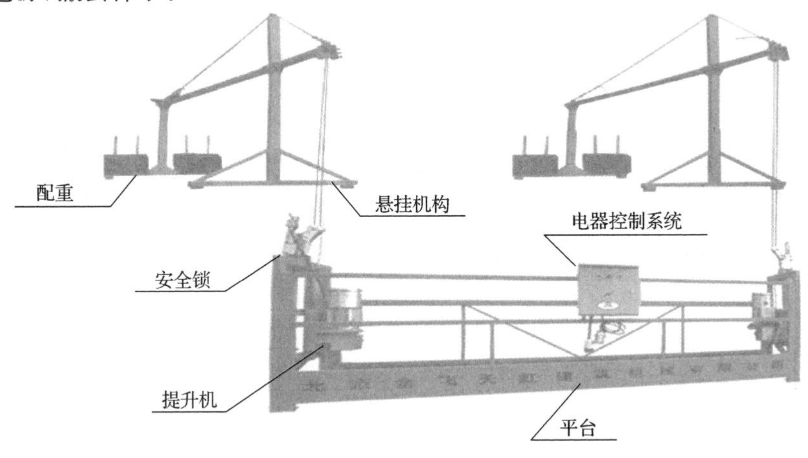

图2-26　悬吊式脚手架

2.4 砖砌体工程施工准备

【学习目标】

(1) 熟悉施工项目组织架构的人员组成。

(2) 熟悉图纸会审、施工组织设计、施工预算、技术交底等的作用。

(3) 掌握冬季、雨季与夏季施工的特点、要求与施工措施。

(4) 掌握砌筑材料的准备做法要求。

【关键概念】

图纸会审、技术交底、季节性施工、“三通一平”

“七分准备,三分施工”,可见施工准备工作在建筑工程施工中的重要性。施工准备工作包括:施工管理层与作业层人员准备、施工现场调查、施工技术准备、施工现场准备、物资准备等。

2.4.1 施工管理层与作业层人员准备

砌体结构的施工需要人来完成,施工必须作业,作业需要作业层人员;施工也必须管理,管理需要管理层人员。

一幢多层砖混结构,可以由一个作业队完成,也可以由一个项目部完成。

如果由项目部完成,管理层应由项目经理、技术负责人、施工员、质检员、安全员、预算员、材料设备员、资料员等组成。一般来说,一幢多层建筑的项目部由于组成人员少,故要求人员的管理技术比较全面。理想的分工应是项目经理兼管施工进度与施工平面;技术负责人兼管质量检查、安全文明施工和图纸、工程文件资料等;预算员兼管财务、后勤、材料送验等工作。

如果由作业队完成,管理层则应有队长、技术员等。

一幢砖混结构的房屋施工作业层应由砌筑班组、钢筋班组、混凝土班组、模板班组、架子班组等组成。当然,作业人员人数的确定,还应考虑业主的工期要求。原则是不窝工,不赶工,科学合理地组织施工。

1. 施工现场人员的准备

一项工程完成得好坏,很大程度上取决于承担这一工程的施工人员素质的高低。

现场施工人员包括施工的组织指挥者和具体操作者两大部分。这些人员的选择和组合将直接关系到工程质量、施工进度及工程成本。因此,施工现场人员的准备是开工前施工准备的一项重要内容。

(1) 项目部的组建

施工组织机构的建立应遵循以下原则:

① 根据工程规模、结构特点和复杂程度,确定施工组织的领导机构名额和人选。

② 坚持合理分工与密切协作相结合的原则。

③ 把有施工经验、创新精神、工作效率高的人选入领导机构。

④ 认真执行因事设职、因职选人的原则。

对于一般单位工程可设一名工地负责人，再配施工员、质检员、安全员及材料员等即可。对大型的单位工程或群体项目，则需配备一套班子，包括技术、材料、计划等管理人员。

(2) 基本施工班组的确定

基本施工班组应根据工程的特点、现有的劳动力组织情况及施工组织设计的劳动力需要量计划来确定选择。各有关工种工人的合理组织，以混合施工班组的形式较好。在结构施工阶段，主要是砌筑工程，应以瓦工为主，配备适量的架子工、木工、钢筋工、混凝土工以及小型机械工等。装饰阶段则以抹灰、油漆工为主，配备适当的木工、管道工和电工等。

这些混合施工班组的特点是：人员配备较少、衔接比较紧凑，因而劳动效率较高。

(3) 外包工的组织

由于建筑市场的开放，用工制度的改革，施工单位仅仅靠自身的基本队伍来完成施工任务已不能满足需要，因而往往要联合其他建筑队伍（一般称外包施工队）共同完成施工任务。组织形式如下：

① 外包工队独立承担单位工程的施工

对于有一定的技术管理水平、工种配套并拥有常用的中小型机具的外包施工队伍，可独立承担某一单位工程的施工。而企业只需抽调少量的管理人员对工程进行管理，并负责提供大型机械设备、模板和架设工具及供应材料。在经济上，可采用包工、包材料消耗的方法，即按定额包人工费，按材料消耗定额结算材料费，结余有奖，超耗受罚，同时提取一定的管理费。

② 外包工队承担某个分部（分项）工程的施工

这实质上就是单纯提供劳务，而管理人员以及所有的机械和材料，均由本企业负责提供。

③ 临时施工队伍与本企业队伍混编使用

该组织形式将本身不具备施工管理能力，只拥有简单的手动工具，仅能提供一定数量的个别工种的施工队伍，编排在本企业施工队伍之中，指定一批技术骨干带领他们操作，以保证质量和安全，共同完成施工任务。

使用临时施工队伍时，要进行技术考核，对达不到技术标准、质量没有保证的不得使用。

(4) 施工队伍的教育

施工前，企业要对施工队伍进行劳动纪律、施工质量和安全教育，要求本企业职工和外包施工队人员必须做到遵守劳动时间，坚守工作岗位，遵守操作规程，保证产品质量，保证施工工期及安全生产，服从调动，爱护公物。同时，企业还应做好职工、技术人员的培训和技术更新工作，只有不断提高职工、技术人员的业务技术水平，才能从根本上保证建筑工程质量，不断提高企业的竞争力。此外，对于某些采用新工艺、新结构、新材料、新技术的工程，应该先将有关的管理人员和操作工人组织起来培训，使之达到标准后再上岗操作。这也是施工队伍准备工作的内容之一。

2. 项目部成员的任职基本条件

(1) 项目经理任职基本条件

项目经理在项目中的作用往往对项目的成败起决定作用，如果项目经理有良好素质，尤其是有良好的沟通能力，就可以在和项目组成员交流、检查工作、召开会议等沟通过程中获取足够的信息，发现潜在的问题，控制好项目的各个方面，从而使项目顺利完成。项目经理任职基本条件如下：

① 具有大专以上学历，工程师以上专业技术职务任职资格，五年以上基层施工经验，并经过培训考核和注册，取得《建筑施工企业项目经理资质证书》，其资质等级符合所承担工程项目的规模。

② 懂得有关的经济政策和法律、法规。

③ 有较强的组织指挥能力、协调能力和果断处理现场突发情况的应变能力。

④ 具备较高的政治素质，作风正派，办事公道，不牟私利，严于律己，以身作则。

⑤ 具有强烈的事业心和高度的责任感，有吃苦耐劳的精神，有严格认真、实事求是的工作作风。

⑥ 身体健康。

⑦ 项目经理实行资质管理，其资质等级按建设部颁发的《建筑施工企业项目经理资质管理办法》的规定，分为一、二、三等级。

一级项目经理：参加过一个以上一级建筑业企业资质等级标准要求的大型工程项目，或曾为两个二级建筑业企业资质等级标准要求的中型工程项目的施工管理工作的负责人，并已取得一级建造师资质、取得高级或中级专业技术职务。

二级项目经理：参加过两个工程项目，其中至少一个为二级建筑业企业资质等级标准要求的中型工程项目施工管理工作的负责人，并已取得二级以上建造师资质及中级专业技术职务。

三级项目经理：参加过两个工程项目，其中至少一个为三级建筑业企业资质等级标准要求的工程项目施工管理工作的负责人，并已取得二级建造师资质及中级或初级专业技术职务。

⑧ 项目经理实行持证上岗制度。凡担任工程项目施工管理的项目经理，必须按建设部规定取得建筑施工企业建造师资质证书，经过企业职能部门严格考核招聘，合格后经企业法定代表人聘任才能上岗。项目规格对项目经理的资质要求如下：

特大型工程项目，应由具有一级建造师资质的人员出任项目经理。

大型工程项目，应由具有一级或二级建造师资质的人员出任项目经理。

中型工程项目，应由具有二级建造师资质的人员出任项目经理。

小型工程项目，应由具有三级建造师资质的人员出任项目经理。

上一级建造师可以担任本级别以下工程项目的项目经理（特殊专业要求除外）。

⑨ 保持相对稳定，并根据实际需要进行调整。

(2) 技术负责人的基本条件

技术负责人任职的基本条件如下：

① 应具备五年施工现场工程实践、施工管理经验。

② 具有工程师及以上的技术职称。

③ 工作责任心强。

④ 质量意识强。

⑤ 熟悉本专业有关技术标准与规程规范。

⑥ 熟悉技术、质量管理业务。

(3) 施工员的基本条件

施工员任职的基本条件如下：

① 具有一定的施工经验，或经过职业院校培训毕业，掌握一定管理技能的专业人员。

② 熟悉工程管理业务。

③ 会编制施工进度网络图，并能用于工程控制进度。

④ 能协调处理工程中出现的纠纷。

⑤ 对项目实施过程中出现的进度等问题具有处理协调能力。

(4) 质检员的基本条件

质检员任职的基本条件如下：

① 具有助理工程师及以上职称，并具有一定的施工管理经验与能力。

② 熟悉相关施工质量验收标准。

③ 熟悉质量管理业务。

④ 具有对内对外联系的能力。

⑤ 熟悉材料送检业务。

⑥ 熟悉质量检查与评定业务。

(5) 安全员的基本条件

安全员任职的基本条件如下：

① 具有很强的工作责任心。

② 熟悉安全管理技术业务。

③ 会编制(审查)安全技术方案。

④ 会进行安全技术交底。

(6) 预算员的基本条件

预算员任职的基本条件如下：

① 具有一定的读图能力与计算能力。

② 熟悉施工程序。

③ 熟悉计价规范与计价表。

④ 了解当地主要材料、设备价格。

⑤ 会编制工程预算和结算单。

(7) 材料设备员的基本条件

材料设备员任职的基本条件如下：

① 熟悉工程所需的材料、设备规格、性能。

② 熟悉材料、设备的进出库管理和库存管理业务，能保证库存设备的完整。

③ 熟悉采购程序与业务。

(8) 资料员的基本条件

资料员任职的基本条件如下：

① 具有行政管理、档案管理方面的工作经验及责任心。

② 具有信息(含资料、工程档案)收集、整理、归档、借阅等方面的管理工作能力。

3. 主要施工人员登记

主要施工人员必须受控，登记表见表 2-2。

表 2-2　单位工程主要施工人员登记表

<table>
<tr><th>姓名</th><th>职务</th><th>技术职称(技术等级)</th><th>专业(工种)</th><th>学历</th><th>本专业工龄</th></tr>
<tr><td></td><td></td><td></td><td></td><td></td><td></td></tr>
<tr><td></td><td></td><td></td><td></td><td></td><td></td></tr>
<tr><td></td><td></td><td></td><td></td><td></td><td></td></tr>
<tr><td></td><td></td><td></td><td></td><td></td><td></td></tr>
<tr><td></td><td></td><td></td><td></td><td></td><td></td></tr>
<tr><td></td><td></td><td></td><td></td><td></td><td></td></tr>
<tr><td></td><td></td><td></td><td></td><td></td><td></td></tr>
<tr><td></td><td></td><td></td><td></td><td></td><td></td></tr>
<tr><td></td><td></td><td></td><td></td><td></td><td></td></tr>
<tr><td></td><td></td><td></td><td></td><td></td><td></td></tr>
<tr><td></td><td></td><td></td><td></td><td></td><td></td></tr>
<tr><td></td><td></td><td></td><td></td><td></td><td></td></tr>
<tr><td></td><td></td><td></td><td></td><td></td><td></td></tr>
<tr><td></td><td></td><td></td><td></td><td></td><td></td></tr>
<tr><td></td><td></td><td></td><td></td><td></td><td></td></tr>
<tr><td colspan="3">填报人：
填报日期：　年　月　日</td><td>填报单位</td><td colspan="2">签章：
年　月　日</td></tr>
</table>

2.4.2　施工现场调查

1. 调查研究的内容

调查研究、收集有关施工资料，是施工准备工作的重要内容之一。尤其是当施工单位进入一个新的城市或地区，此项工作显得更加重要，它关系到施工单位全局的部署与安排。

原始资料的调查主要是对工程条件、工程环境特点和施工条件等施工技术与组织的基础资料进行调查，以此作为项目准备工作的依据。

(1) 施工现场的调查

这项调查包括工程的建设规划图、建设地点区域地形图、场地地形图、控制位与水准基点的位置及现场地形、地貌特征等资料。这些资料一般可作为设计施工平面图的依据。

(2) 工程地质、水文的调查

这项调查包括工程钻孔布置图、地质剖面图、地基各项物理力学指标试验报告、地质稳定性资料、暗河及地下水水位变化、流向、流速及流量和水质等资料。这些资料一般可作为选择基础施工方法的依据。

(3) 气象资料的调查

这项调查包括全年、各月平均气温，最高与最低气温，5℃以下及0℃以下气温的天数和时间；雨季起止时间，最大及月平均降水量，雷暴时间；主导风向及频率，全年大风的天数及时间等资料。这些资料一般可作为确定冬期、雨期季节施工的依据。

(4) 周围环境及障碍物的调查

这项调查包括施工区域现有建筑物、构筑物、沟渠、水井、古墓、文物、树木、电力架空线路、人防工程、地下管线、枯井等资料。这些资料可作为布置现场施工平面的依据。

2. 收集给排水、供电等资料

(1) 收集当地给排水资料

调查收集施工现场用水与当地现有水源连接的可能性、供水能力、接管距离、地点、水压、水质及水费等资料。若当地现有水源不能满足施工用水要求，则要调查附近可作施工生产、生活、消防用水的地面水或地下水源的水质、水量、取水方式、距离等条件，还要调查利用当地排水设施排水的可能性、排水距离、去向等资料。这些可作为选择施工给排水方式的依据。

(2) 收集供电资料

调查收集可供施工使用的电源位置、引入工地的路径和条件、可以满足的容量、电压及电费等资料或建设单位、施工单位自有的发变电设备、供电能力。这些资料可作为选择施工用电方式的依据。

(3) 收集供热、供气资料

调查收集冬季施工时附近蒸汽的供应量、接管条件和价格，建设单位自有的供热能力以及当地或建设单位提供煤气、压缩空气、氧气的能力和它们至工地的距离等资料。这些资料是确定施工供热、供气的依据。

3. 收集交通运输资料

建筑施工中主要的交通运输方式一般有铁路、公路、水运和航运等。

收集交通运输资料是指调查主要材料及构件运输通道的情况，包括道路、街巷、途经的桥面宽度、高度，允许载重量和转弯半径限制等资料。

有超长、超高、超宽或超重的大型构件、大型起重机械和生产工艺设备需整体运输时，还要调查沿途架空电线、天桥的高度，并与有关部门商议避免大件运输对正常交通产生干扰的路线、时间及解决措施。

4. 收集“三材”、地方材料及装饰材料等资料

(1) “三材”

“三材”即钢材、木材和水泥。一般情况下应摸清三材市场行情。

(2) 地材

地材，即地方材料。了解地方材料，如砖、瓦、灰、砂、石等材料的供应能力、质量、价格、运费情况。

(3) 成品与半成品加工、运输能力

了解当地构件制作、木材加工、金属结构、钢木门窗、商品混凝土、建筑机械供应与维修、运输等情况。

(4) 周转材料

了解脚手架、定型模板和大型工具租赁等能提供的服务项目、能力、价格等条件。

(5) 装饰材料

收集装饰材料、特殊灯具、防水、防腐材料等市场情况。

这些资料作为确定材料的供应计划、加工方式、储存和堆放场地及建造临时设施的依据。

5. 社会劳动力和生活条件调查

建设地区的社会劳动力和生活条件调查主要是了解当地能提供的劳动力人数、技术水平、来源和生活安排；能提供作为施工用的现有房屋情况；当地主副食产品供应、日用品供应、文化教育、消防治安、医疗单位的基本情况以及能为施工提供的支援能力，这些资料是拟订劳动力安排计划、建立职工生活基地、确定临时设施的依据。

2.4.3 施工技术准备

施工技术准备即通常所说的室内准备（内业准备），它是施工准备工作的核心。任何技术差错和隐患都可能引起人身安全和质量事故，造成生命财产和经济的巨大损失，因此，必须做好技术准备工作。主要内容包括：熟悉与会审图纸；编制施工组织设计；编制施工图预算和施工预算。

1. 熟悉与会审图纸

(1) 熟悉与会审图纸的目的

① 保证能够按设计图纸的要求进行施工。

② 使从事施工和管理的工程技术人员充分了解和掌握设计图纸的设计意图、构造特点和技术要求。

③ 通过审查发现图纸中存在的问题和错误，为拟建工程的施工提供一份准确、齐全的设计图纸。

(2) 熟悉与自审图纸

熟悉及掌握施工图纸应抓住以下几点：

① 基础及地下室部分

核对建筑、结构、设备工图中关于基础留口、留洞的位置及标高的相互关系是否处理恰当；排水及下水的去向；变形缝及人防出口做法；防水体系的做法要求；特殊基础形式做法以及防雷接地的设计及要求。

② 主体结构部分

弄清建筑物墙体轴线的布置；主体结构各层的砖、砂浆、混凝土构件的强度标号有无变化；阳台、雨篷、挑檐的细部做法；楼梯间的构造；卫生间的构造；对标准图有无特殊说明和规定等。

③ 装修部分

弄清有几种不同的材料、做法及其标准图说明；地面装修与工程结构施工的关系；变形缝的做法及防水处理的特殊要求；防火、保温、隔热、防尘、高级装修等的类型和技术要求。

(3) 图纸自审与图纸会审

① 图纸自审

在学习和审查图纸过程中，对发现的问题应做出标记，做好记录，以便在图纸会审时提出。图纸自审时必须做好记录，见表2-3。

表2-3　施工图纸自审记录

<table>
<tr><th>建设单位</th><th></th><th>自审时间</th><th></th></tr>
<tr><td>工程名称</td><td></td><td>自审地点</td><td></td></tr>
<tr><td colspan="4">自审记录：</td></tr>
</table>

② 图纸会审

图纸会审由建设单位组织，设计、监理、施工等单位参加。设计单位进行图纸技术交底后，各方面提出意见，经充分协商后形成图纸会审纪要，由建设单位正式行文，参加会议各单位加盖公章，作为设计图纸的修改文件。

对施工过程中提出的一般问题，经设计单位同意，即可采用工程联系单的形式办理手续进行修改。涉及技术和经济的较大问题，则必须经建设单位、设计单位和施工单位共同协商，由设计单位修改，向施工单位签发设计变更单，方可有效。图纸会审记录见表 2－4。

审查设计图纸及其他技术资料时，应注意以下问题：

a. 设计图纸是否符合国家有关的技术规范要求。

b. 核对图纸说明是否齐全，有无矛盾，规定是否明确，图纸有无遗漏，图纸之间有无矛盾。

c. 核对主要抽线、尺寸、位置、标高有无错误和遗漏。

d. 总图的建筑物坐标位置与单位工程建筑平面是否一致；基础设计与实际地质是否相符；建筑物与地下构造物及管线之间有无矛盾。

e. 设计图本身的建筑构造与结构构造之间、结构与各构件之间以及各种构件、配件之间的联系是否清楚。

f. 建筑安装与建筑施工的配合上存在哪些技术问题，能否合理解决。

g. 设计中所采用的各种材料、配件、构件等能否满足设计要求。

h. 对设计技术资料有什么合理化建议及其他问题。

表 2－4　施工图纸会审记录

<table>
<tr><td colspan="2">建设单位</td><td colspan="2"></td><td>会审时间</td><td></td></tr>
<tr><td colspan="2">工程项目</td><td colspan="2"></td><td>主持人</td><td></td></tr>
<tr><td rowspan="11">参加会审人员</td><td>姓名</td><td>职务</td><td colspan="3">工作单位</td></tr>
<tr><td></td><td></td><td colspan="3"></td></tr>
<tr><td></td><td></td><td colspan="3"></td></tr>
<tr><td></td><td></td><td colspan="3"></td></tr>
<tr><td></td><td></td><td colspan="3"></td></tr>
<tr><td></td><td></td><td colspan="3"></td></tr>
<tr><td></td><td></td><td colspan="3"></td></tr>
<tr><td></td><td></td><td colspan="3"></td></tr>
<tr><td></td><td></td><td colspan="3"></td></tr>
<tr><td></td><td></td><td colspan="3"></td></tr>
<tr><td></td><td></td><td colspan="3"></td></tr>
<tr><td colspan="6">会审记录：</td></tr>
</table>

2. 学习与熟悉技术规范、规程和有关技术规定

技术规范、规程是由国家有关部门制定的实践经验的总结，在技术管理上是具有法令性、政策性和严肃性的建设法规，施工各部门必须按规范与规程施工。建筑施工中常用的技术规范、规程主要有以下几种：

（1）建筑施工质量验收规范。

（2）建筑安装工程有关标准。

（3）施工操作规程、工法。

（4）设备维护及检修规程。

（5）安全技术规程。

（6）上级部门所颁发的其他技术规范与规定。

（7）企业颁发的技术标准、工作标准、管理标准。

各级工程技术人员在接受任务后，一定要结合本工程实际，认真学习、熟悉有关技术规范、规程，为保证优质、安全、按时完成工程任务打下坚实的技术基础。

3. 编制施工组织设计

施工组织设计是指导拟建工程从施工准备到施工完成的组织、技术、经济的一个综合性技术文件，对施工的全过程起指导作用。它既要体现基本建设计划和设计的要求，又要符合施工活动的客观规律，对建设项目、单项及单位工程的施工全过程起到部署和安排的双重作用。

由于建筑施工的技术经济特点，建筑施工方法、施工机具、施工顺序等因素有不同的安排。所以，每个工程项目都需要分别编制施工组织设计，作为组织和指导施工的重要依据。

4. 编制施工图预算和施工预算

建筑工程预算是反映工程经济效果的技术经济文件，在我国现阶段也是确定建筑工程预算造价的法定形式。

建筑工程预算按照不同的编制阶段和不同的作用，可以分为设计概算、施工图预算和施工预算三种。

（1）设计概算

设计概算是按照施工图确定的工程量、施工组织设计所拟定的施工方法、建筑工程预算定额及其取费标准编制的确定建筑安装工程造价和主要物资需要量的经济文件。

（2）施工预算

施工预算是根据施工图预算、施工图纸、施工组织设计、施工定额等文件进行编制的。它是企业内部经济核算和班组承包的依据，是企业内部使用的一种预算。

（3）施工图预算

施工图预算与施工预算存在很大的区别：施工图预算是甲乙双方确定预算造价、发生经济联系的技术经济文件；施工预算则是施工企业内部经济核算的依据。施工预算直接受施工图预算的控制。

5. 技术、安全交底

(1) 交底的目的

交底的目的是把拟建过程的设计内容、施工计划、施工技术要点和安全等级要求，按分项内容或按阶段向施工队、组交代清楚。

(2) 交底的时间

交底的时间应在拟建过程开工前或某施工阶段开工前。

(3) 技术交底的层次与内容

技术交底一般分为以下三个层次：

① 由项目技术负责人向项目管理人员及工长进行施工组织设计交底。

② 由施工员或工长向班组长进行施工方案、质量要求、安全注意事项和施工配合交底。

③ 由班组长向工人进行操作工艺、保证质量安全目标实现的方法交底。

6. "四新"试验、试制的技术准备

"四新"是指新技术、新结构、新材料、新工艺。"四新"等项目的试验和试制是保证工程质量和安全的必要条件。

2.4.4 季节性施工准备

我国地域广阔，东西、南北各地的气温相差很大，很多地区受内陆和海上高低压及季风交替影响，气候变化较大。东北、华北、西北、青藏高原地区的许多省份处于亚温带地区，每年冬期持续时间长达 3～6 个月之久，在工程建设中，为加快工程进度，都不可避免地要进行冬期施工。东南、华南沿海一带，受海洋暖湿气流影响，雨水频繁，并伴有台风、暴雨和潮汛。冬期的低温和雨期的降水，给施工带来很大的困难，常规的施工方法已不能适应。在冬期和雨期施工时，除了在施工中要严格执行国家的有关标准、规范、规程外，施工质量绝不可忽视，必须从当地的具体条件出发，选择合理的施工方法，制定具体的措施，确保工程质量，降低工程费用。

1. 砌体结构冬期施工措施

(1) 砌体结构冬期施工的概念

当室外日平均气温连续 5 天稳定低于 5℃时，砌体工程应采取冬期施工措施。气温根据当地气象资料统计确定。冬期施工期限以外，当日最低气温低于 0℃时，也应按冬期施工的有关规定进行。

冬期是施工质量事故多发期。在冬期施工中，长时间的持续负低温、大的温差、强风、降雪和反复的冰冻，经常造成建筑施工的质量事故。据资料分析，有 2/3 的工程质量事故发生在冬期。

冬期施工质量事故发现的滞后性。冬期发生质量事故、往往不易觉察，到春天解冻时，一系列质量问题才暴露出来。这种事故的滞后性给处理解决质量事故带来很大的困难。

冬期施工的计划性和准备工作时间性很强。冬期施工时，常由于时间紧促，仓促施工，发生质量事故。

(2) 冬期施工的原则

为了保证冬期施工的质量，在选择分项工程具体的施工方法和拟定施工措施时，必须遵循下列原则：确保工程质量；经济合理，使增加的措施费用最少；所需的热源及技术措施材料有可靠的来源，并使消耗的能源最少；工期能满足规定要求。

砌筑工程的冬期施工最突出的一个问题就是砂浆遭受冻结，砂浆冻结后会产生如下一些现象：

① 使砂浆的硬化暂时停止，并且不产生强度，失去了胶结作用。

② 砂浆塑性降低，使水平灰缝和垂直灰缝的紧密度减弱。

③ 解冻的砂浆，在上层砌体的重压下，可能引起不均匀沉降。

因此，在冬期砌筑时，为了保证墙体的质量，必须采取有效措施，控制雨、霜对墙体材料(砖、砂、石灰等)的侵袭，对各种材料集中堆放，并采取保温措施。冬期砌筑时主要就是解决砂浆遭受冻结或者是使砂浆在负温下亦能增长强度问题，满足冬期砌筑施工要求。

(3) 冬期施工的准备工作

为了保证冬期施工的质量，砌筑工程在冬期施工前应做好以下准备工作：

① 搜集有关气象资料作为选择冬期施工技术措施的依据。

② 进入冬期施工前一定要编制好冬期施工技术文件。

③ 凡进行冬期施工的工程项目，必须会同设计单位复核施工图纸，核对其是否能适应冬期施工要求，如有问题应及时提出并修改设计。

④ 根据冬期施工工程量，提前准备好施工的设备、机具、材料及劳动防护用品。

⑤ 冬期施工前对配制外掺剂的人员、测温保温人员、锅炉工等，应专门组织技术培训，经考试合格后方准上岗。

(4) 冬期施工方法

砌筑工程的冬期施工方法有外加剂法、冻结法和暖棚法等。

砌筑工程的冬期施工应以外加剂法为主。对保温、绝缘、装饰等方面有特殊要求的工程，可采用冻结法或其他施工方法。

2. 砌体结构雨期施工措施

雨期施工时，气候闷热而潮湿，砖内本身含有大量水分，又兼雨水淋泡，给砌体砌筑带来较大困难。水分过大的砖砌到墙上后，砖体内的水分溢出，使砂浆产生流淌，砌体在自重的影响下容易产生滑动，影响砌体结构质量。因此，在雨期施工时，对进场砖块应加遮盖，适当减少砂浆的稠度。施工现场应重点解决好截水和排水问题。截水是在施工现场的上游设截水沟，阻止场外水流入施工现场。排水是在施工现场内合理规划排水系统，并修建排水沟，使雨水按要求排至场外，同时应注意排除场地积水，以免积水浸入砖块内。

(1) 雨期施工的特点、要求和准备工作

雨期施工以防雨、防台、防汛为对象，做好各项准备工作。

① 雨期施工特点

雨期施工的开始具有突然性。由于暴雨山洪等恶劣天气往往不期而至，这就需要雨期施工的准备和防范措施及早进行。

雨期施工带有突击性。因为雨水对建筑结构和地基基础的冲刷或浸泡具有严重的破坏性，必须迅速及时地防护，才能避免给工程造成损失。

雨期往往持续时间很长，阻碍了工程(主要包括土方工程、屋面工程等)顺利进行，拖延工期。对这一点应事先有充分估计并做好合理安排。

② 雨期施工的要求

编制施工组织计划时，要根据雨期施工的特点，将不宜在雨期施工的分项工程提前或拖后安排。对必须在雨期施工的工程应制订有效的措施，进行突击施工。

合理进行施工安排。做到晴天抓紧室外工作，雨天安排室内工作，尽量缩小雨天室外作业时间和工作面。

密切注意气象预报，做好抗台风、防汛等准备工作，必要时应及时加固在建的工程。

做好建筑材料的防雨、防潮工作。

③ 雨期施工准备

现场排水。施工现场的道路、设施必须做到排水畅通，尽量做到雨停水干。要防止地面水排入地下室、基础、地沟内。要做好对危石的处理，防止滑坡和塌方。

应做好原材料、成品、半成品的防雨工作。水泥应按“先到先用、后到后用”的原则，避免久存受潮而影响水泥的性能。木门窗等易受潮变形的半成品应在室内堆放，其他材料也应注意防雨及材料堆放场地四周排水。

在雨期前应做好施工现场房屋、设备的排水防雨措施。

备足排水需用的水泵及有关器材，准备适量的塑料布、油毡等防雨材料。

修建排水沟，水沟的横断面和纵向坡度应按照施工期最大流量确定。一般水沟的横断面不小于 0.5 m×0.5 m，纵向坡度一般不小于 0.3%，平坦地区不小于 0.2%。

(2) 雨期砌体工程施工工艺要求

砖在雨期必须集中堆放，不宜浇水。砌墙时要求干湿砖块合理搭配。砖湿度较大时不可上墙。砌筑高度不宜超过 1.2 m。

雨期遇大雨必须停工。砌体停工时应在砖墙顶盖一层干砖，避免大雨冲刷灰浆。大雨过后被雨冲刷过的新砌墙体应翻砌最上面两皮砖。

稳定性较差的窗间墙、独立砖柱，应加设临时支撑或及时浇筑圈梁，以增加墙体稳定性。

砌体施工时，内外墙要尽量同时砌筑，并注意转角及丁字墙间的搭接。遇台风时，应在与风向相反的方向加临时支撑，以保持墙体的稳定。

雨后继续施工，须复核已完工砌体的垂直度和标高。

3. 砌体结构夏期施工措施

连续 5 天日平均气温高于 30℃时，为夏期施工。

夏期气温较高，空气相对较干燥，砂浆和砌体中的水分蒸发较快，容易使砌体脱水，使砂浆的黏结强度降低，为此应做到以下几点。

(1) 砖要浇水润湿

在平均气温高于 5℃时，砖应该浇水润湿，夏期更要注意砖的浇水润湿，使水渗入砖的深度达到 20 mm。使用前，应对砖的表面再洒一次水，特别是脚手架及楼面上的砖存放过夜后，应在使用前洒水润湿。

(2) 砂浆的配制

夏期砌体砌筑时，为了保证砌体的质量，砂浆拌制时可采取以下措施：

① 加大施工砂浆的稠度，砂浆砌筑的稠度在夏期施工时可增大到 80～100 mm。

② 在砂浆内掺加微沫剂、缓凝剂等外加剂，但掺入量和掺入法应经试验确定。

(3) 砂浆的使用

拌制好的砂浆，如施工时最高气温超过 30℃应控制在 2 h 内用完。

(4) 砂浆的养护

实验证明，在高温干燥季节施工的砌体如不浇水进行养护，其砂浆最后强度只能达到设计强度的 50%。因此，在干热季节施工时，砌体应浇水养护。一般上午砌筑的砌体下午就应该养护。养护方法可用水适当浇淋养护，或将草帘浇湿后遮盖养护。

2.4.5　施工现场准备

施工现场的准备即通常所说的室外准备(外围准备)，它是为工程创造有利于施工的条件，其工作应按施工组织设计的要求进行。

施工现场准备的主要内容有：清除障碍物、“三通一平”、测量放线、搭设临时设施等。

1. 清除障碍物

施工场地内的一切障碍物，无论是地上的还是地下的，都应在开工前清除。这些工作一般由建设单位来完成，但也有委托施工单位来完成的。如果由施工单位来完成这项工作，一定要事先摸清现场情况，尤其是在城市的老区内，由于原有建筑物和构筑物情况复杂，而且往往资料不全，在清除前需要采取相应的措施，防止发生事故。

对于房屋的拆除，一般只要把水源、电源切断后即可进行拆除。若房屋较大、较坚固，则有可能采用爆破的方法，这需要由专业的爆破作业人员来承担，并且必须经有关部门批准。架空电线(电力、通信)、地下电缆(包括电力、通信)的拆除，要与电力部门或通信部门联系并办理有关手续后方可进行。

自来水、污水、煤气、热力等管线的拆除，最好由专业公司来完成。

场地内若有树木，需报园林部门批准后方可砍伐。

地下障碍物包括地下光缆电缆、地下管线、地下古墓等。

拆除障碍物后，留下的渣土等杂物都应清除出场外。运输时，应遵守交通、环保部门的有关规定，运土的车辆要按指定的路线和时间行驶，并采取封闭运输车或在渣土上洒水等措施，以免渣土飞扬而污染环境。

2. “三通一平”

在工程用地范围内，接通施工用水、用电、道路和平整场地的工作简称为“三通一平”。其实工地上的实际需要往往不只是水通、电通、路通，有的工地还需要供应蒸汽，架设热力管线，称为“热通”；通煤气，称为“气通”；通电话作为联络通信工具，称为“话通”；还可能因为施工中的特殊要求，有其他的“通”，但最基本的还是“三通”。

（1）平整施工场地“一平”

清除障碍物后，即可进行场地平整工作。平整场地工作是根据建筑施工总平面图规定的标高，通过测量计算出填挖土方工程量，设计土方调配方案，组织人力或机械进行平整工作。如果工程规模较大，这项工作可以分段进行，先完成第一期开工的工程用地范围内的场地平整工作，再依次进行后续的平整工作，为第二期工程项目尽早开工创造条件。

（2）修通道路“路通”

施工现场的道路是组织施工物资进场的动脉。为保证施工物资能早日进场，必须按施工总平面图的要求，修好现场永久性道路以及必要的临时道路。为节省工程费用，应尽可能利用已有的道路。为使施工时不损坏路面和加快修路速度，可以先修路基或在路基上铺简易路面，施工完毕后，再铺路面。

（3）“水通”

施工现场的用水包括给水和排水两个方面。

施工用水包括生产、生活与消防用水。“水通”应按施工总平面图的规划进行安排。施工给水设施应尽量利用永久性给水线路。临时管线的铺设，既要满足生产用水的需要和使用方便，还要尽量缩短管线。

施工现场的排水也十分重要。尤其是在雨季，场地排水不畅，会影响施工和运输的顺利进行，因此要做好排水工作。

（4）“电通”

施工用电包括施工生产用电和生活用电。应按施工组织设计要求布设线路安装用电设备。电源首先应考虑从国家电力系统或建设单位已有的电源上获得。如供电系统不能满足施工生产、生活用电的需要，则应考虑在现场建立发电系统，以保证施工的连续顺利进行。

施工中如需要通热、通气或通电讯，也应按施工组织设计要求，事先完成。

3. 测量放线

施工测量放线是房屋建筑进行施工的先导，也是现场施工准备工作的一项重要内容，它既是施工中必不可少的重要一环，同时又贯穿在整个施工过程中，是施工质量控制管理技术指导的有效手段。

测量放线的任务是把图纸上所设计好的建筑物、构筑物及管线等测设到地面上或实物上，并用各种标志表现出来，以作为施工的依据。其工作的进行一般是通过在土方开挖之前，在施工场地内设置坐标控制网和高程控制点来实现的。这些网点的设置应视工程范围的大小和控制的精度而定。

(1) 测量放线的准备工作

在测量放线前，应做好以下几项准备工作：

① 对测量仪器进行检验和校正

对所用的经纬仪、水准仪、钢尺、水准尺等应进行校检。

② 了解设计意图、熟悉并校核施工图纸

通过设计交底，了解工程全貌和设计意图，掌握现场情况和相互关系，地上、地下的标高以及测量精度要求。在熟悉施工图纸过程中，应仔细核对图纸尺寸，对轴线尺寸、标高是否齐全以及边界尺寸要特别注意。

③ 校核红线桩与水准点

建设单位提供的由城市规划勘测部门给定的建筑红线，在法律上起着建筑边界用地的作用。在使用红线桩前要进行校核，施工过程中要保护好桩位，以便将它作为检查建筑物定位的依据。水准点也同样要校测和保护。红线和水准点经校测发现问题，应提请建设单位处理。

④ 制订测量、放线方案

根据设计图纸的要求和施工方案，制订切实可行的测量、放线方案，主要包括平面控制、标高控制、±0.000 以下施工测量、±0.000 以上施工测量、沉降观测和竣工测量等项目。

(2) 场地控制网的测设

① 平面控制网的测设

采用极坐标法进行施测，先将各控制点间的距离、角度进行复核，然后用测距仪和经纬仪定出建筑物外围控制网上各点的坐标，然后将仪器置于有关关联点上，进行相关点的距离和角度校核，待精度达到定位要求后，根据一层平面图采用直角坐标法定出主要轴线作为建立平面控制网的依据，根据建筑物坐标点和各轴线尺寸将坐标点引出建筑物外，埋设控制桩并加以保护。同时，控制点引出标示在邻近建筑物或临时围墙上，以红三角控制方向。基础及地下室施工，只需将控制桩点用经纬仪投测到施工面上即可。

±0.000 以上结构施工轴线控制采用内控法，首先在±0.000 平面上选好控制基准点。基准点必须能放下仪器，不能离墙、柱太近，控制点之间要能组成坐标体系，在原基础控制轴线的基础上引测。施工层轴线引测采用激光经纬仪天顶准直法测设，组成内控网，并在以上每层楼与该柱列相应的位置留出 200 mm×200 mm 的预留孔，以便平面控制点向上作垂直传递。

平面控制测设精度要求：角度观测精度为±10″，距离测量精度为 1/10 000。

② 平面控制点标桩的埋设与保护

平面控制网点的桩位是定位放线的重要依据。控制桩点应设在稳固（不易产生下沉和位移）且易保存的地方，在施工过程中由施工员负责保护，专职测量员定期复核。

平面控制点标桩的埋设方法：如是永久性的标桩则用直径 25 mm 以上的钢筋，将上端磨平，在上面刻十字线作为标点，下端弯成弯钩，将其浇灌于混凝土之中，埋置深度不得低于 0.5 m，永久性标桩埋设方法见图 2－27；如果是临时性的控制标桩则用木桩，木桩直径应在 100 mm 以上，打入土中的深度根据现场的土质而定，一般不小于 80 cm。木桩打入土中后，应将桩顶锯平，为保证其在使用期限内不下沉和移位，可将桩四周浮土挖去，用混凝土或水泥砂浆围护。

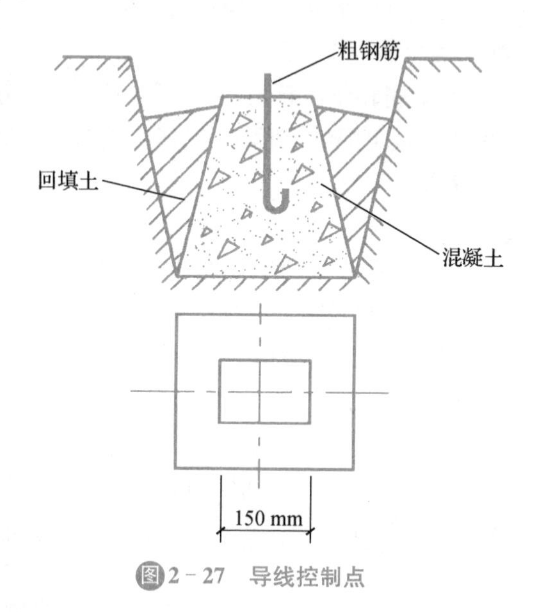

图 2－27　导线控制点

当控制网与主轴线测定后应立即对桩位采取保护措施。一般采取在桩上方立三角标或围栅栏等保护措施，并对其他班组施工人员进行保护测量标志的教育。

当控制网测定并经自检合格后应提请有关主管领导和有关技术部门，通知发包方和监理公司验线。在收到验线合格通知后，方可正式使用。

(3) 标高控制测量

依据发包人提供的水准点将高程引测到相邻轴线控制网点上，并将工程的±0.000 引测到附近的固定位置作永久标记加以保护，便于高程放样。引测时采用闭合路线，按二等水准观测要求进行。

竖向标高的引测传递采用吊钢尺法，即沿建筑物外墙用钢尺垂直向上逐层引测标高，每层引测六个点，用水准仪进行校核，要求六个导入标高互差值小于 3 mm，符合要求时取其平均值作为该层标高基准。

① 引测步骤

a. 先用水准仪根据甲方提供水准点在各区段向上引测出相同的起始标高线（＋1.000 或＋1.500 标高线）。

b. 用钢尺沿垂直方向，向上量至施工层，并划出正米数的水平线，各层的标高线均应由各处的起始标高线向上直接量取。高差超过一整钢尺长时，在该层精确测定第二条起始标高线作为向上再引测的依据。

c. 将水准仪安置到施工层，投测由下面传递来的各水平线。误差应在±3 mm以内，在各层找平时，应后视两条水平线以作校核。

② 标高投测中的要求

a. 观测时尽量做到前后视线等长。

b. 由±0.000水平线向下或向上量高差时所用钢尺应经过检定，量高差时尺身应铅直并用标准拉力，同时要进行尺长和温度修正。

c. 每层高差不要超限，同时要注意控制各层的标高，防止偏差积累使建筑物总高度偏差超限，在各施工层标高测出后，应根据偏差情况在下一层施工时对层高进行适当的调整。

(4) 建筑物垂直度控制测量

采用激光铅直仪天顶投测法控制建筑物垂直度。

认真查阅各层施工图纸，在首层结构平面合理布置四个激光铅直控制点，避开各层结构梁和内隔墙位置，四个控制点能够通视，形成闭合矩形，起到复核和检查的作用，有效向上传速平面控制网和垂直度控制。激光控制点布置如图2-28所示。

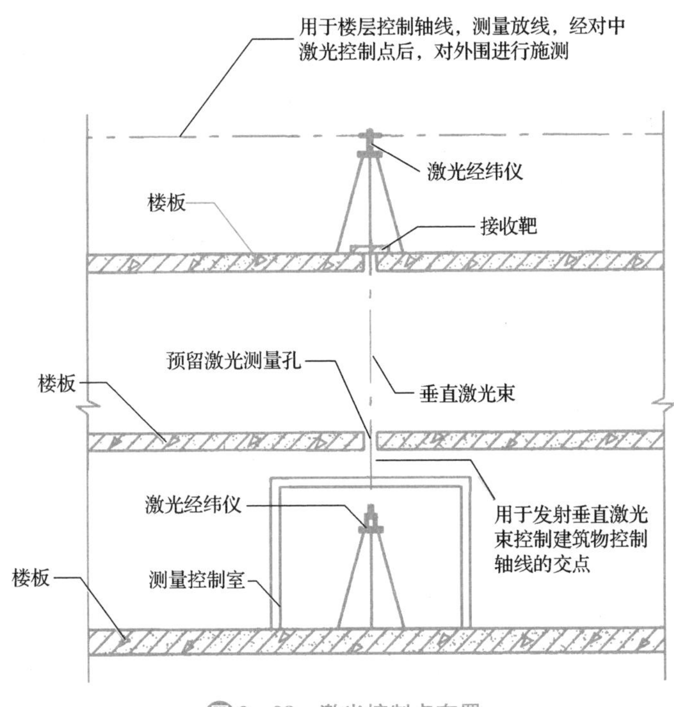

图2-28　激光控制点布置

在往上施工每层的相应位置均预留200 mm×200 mm的方洞，每个投测孔均用活动盖板覆盖，投点时移开。用激光经纬仪往上投点，上面用有机玻璃接收靶接收激光投测点(红点)，在接收靶上安装经纬仪，将楼层控制线一一投测出来，弹上墨线，供施工放样用。

每次投测完毕后要检测它们的相互关系，要求距离误差小于2 mm；施工每层时均要及时检查，纠正偏差，确保建筑物的垂直偏差每层不超过 5 mm，全高总偏差为 $H/1000$ 且不大于 30 mm。

(5) 沉降观测措施

砌体工程在每一施工阶段及使用过程中均应对建筑物做沉降观测记录。基础施工完毕即观测一次，结构施工完一层观测一次。竣工验收后，观测一次，以后第一年观测不少于 4 次，第二年不少于 2 次，以后每年 1 次，直到沉降速率小于 0.01 mm 可停止经常观测。

测量精度采用二级水准，仪器使用水准仪。测量前，测量仪器进行全面检验，严格参照规范进行，三角不得大于 4°，尽可能调下到最小值，视线长度 20～30 m，视中高度不宜低于 0.3 m。

每次观测尽量做到仪器、标尺、测站、线路、人员五固定。观测点要按照设计图中的标记位置准确埋设，进行沉降观测。对观测点要严加保护，不得损坏。观测的对照点不得少于两个，并采用闭合法。

在水准基点与工作基点进行连测时，除缩短视线长度外，同一测站观测时，不得两次调焦，以避免调焦带来的调焦透镜移动、视准轴变化引起误差。

为满足前后视距差及累计差的规定，又能合理地对所有沉降点进行观测，应绘制观测路线图并标明仪器半径位置及转点位置，重复观测中应做到五固定。

每次观测值是计算变形量的起始值，操作时应特别认真、仔细，并应连续观测两次取其平均值，以保证成果的精确度和可靠性。

每次观测均用环形闭合法或往返闭合法，观测完成后就地核查。观测方法采用二等水准测量，往返较差、附和差或环线闭合差小于 $\pm 0.30\sqrt{a}$ mm(a 为测站数)。

在限差允许范围内的观测成果，其闭合差按测站数进行分配，计算高程，同一观测点的两次观测之差不得大于 1 mm。

各观测日期、数据均记录完整，并绘成图表存档，观测中如发现异常情况时，要立即通知设计单位。

(6) 测量仪器和测量专业人员的配备

① 主要测量仪器及校验

工程中常用测量仪器及用途见表 2-5。

表 2-5 工程中使用的测量仪器及用途

名称	误差	用途
J2-JDA 激光经纬仪	一测回水平方向标准偏差±2°；一测回垂直方向标准偏差±6°	建筑定位，高层建筑轴线竖向投测
DS3 水准仪	每千米往返测高差中数偶然中误差小于±3 mm	建筑物的一般高程测量
激光测距仪	每千米往返测距中数偶然中误差小于±2 mm	建筑物精确测距
50 m 钢卷尺	50 m 钢卷尺长度误差小于±3 mm	量距

经纬仪、水准仪、50 m 钢卷尺，检定到期的送计量检定站，经过检定、校准，合格后方可使用。

测量仪器、工具定期清洁保养，经纬仪、水准仪按检定规程规定，在其检定周期内，每季度要对仪器主要轴线进行校核，保证观测精度。

工程竖向测量可采用天顶准直法测量（仰视法），因此校核 J2 - JDA 激光经纬仪必须满足下列条件：水准管轴应垂直于竖轴；视准轴应垂直于横轴；横轴应垂直于竖轴。

特别是横轴垂直于竖轴的校验，在竖向测量中，其精度直接影响竖向投测，应特别注意。

② 测量专业人员的配备

由于工程轴线比较复杂，需要配合的分项专业工程内容多，必须配备足够的专业测量人员才能完成本工程的施工测量任务，在项目经理部技术内业组下成立施工测量队，配备两名测量技术人员，四名测量工，负责全部测量任务。所有测量技术人员都应为测量专业毕业，具有丰富的工作经验，并经考核合格后才能上岗。

4. 搭设临时设施

现场生活和生产用的临时设施，在布置安排时，要遵照当地有关规定进行规划布置。房屋的间距、标准是否符合卫生和防火要求，污水和垃圾的排放是否符合环境的要求等。因此，临时建筑平面图及主要房屋结构图，都应报请城市规划、市政、消防、交通、环境保护等有关部门审查批准。

为了施工方便和安全，对于指定的施工用地的周界，应用围栏围挡起来，围挡的形式（如材料及高度）应符合市容管理的有关规定和要求。在主要入口处设明标牌，标明工程名称、施工单位、工地负责人等。

各种生产、生活用的临时设施，包括各种仓库、混凝土搅拌站、预制构件场、机修站、各种生产作业棚、办公用房、宿舍、食堂、文化生活设施等，均应按批准的施工组织设计规定的数量、标准、面积、位置等要求组织修建。大、中型工程可分批分期修建。

此外，在考虑施工现场临时设施的搭设时，应尽量利用原有建筑物，尽可能减少临时设施的数量，以便节约用地，节省投资。

2.4.6 物资准备

施工物资准备是指施工中必需的劳动手段（施工机械、工具、临时设施）和劳动对象（材料、配件、构件）等的准备。它是一项较为复杂而又细致的工作，一般应考虑以下几方面的内容：

1. 建筑材料的准备

建筑材料的准备主要是根据工料分析，按照施工进度计划的使用要求以及材料储备定额和消耗定额，分别按材料名称、规格、使用时间进行汇总，编出建筑材料需要量计划。建筑材料的准备包括："三材"、地方材料、装饰材料的准备。准备工作应根据材料的需要量计划，组织货源，确定加工、供应地点和供应方式，签订物资供应合同。

（1）砖的准备

砖的品种、强度等级必须符合设计要求，并应有产品合格证书和性能检测报告，进场后应进行复验。砌筑时蒸压(养)砖的产品龄期不得少于 28 d。

用于清水墙、柱表面的砖，应边角整齐、色泽均匀。品质为优等品的砖适用于清水墙和墙体装修；一等品、合格品砖可用于混水墙。中等泛霜的砖不得用于潮湿部位。冻胀地区的地面或防潮层以下的砌体不宜采用多孔砖；水池、化粪池、窨井等不得采用多孔砖。蒸压粉煤灰砖用于基础或受冻融和干湿交替作用的建筑部位时，必须使用一等砖或优等砖。多雨地区砌筑外墙时，不宜将有裂缝的砖面砌在室外表面。

由于烧结砖极易吸水，在砌筑时容易过多吸收砌筑砂浆中的水分而降低砂浆性能(流动性、黏结力和强度)和影响砌筑质量，因此应提前 1～2 d 浇水湿润，并可除去砖面上的粉末。烧结普通砖含水率宜为 10%～15%，浇水过多会产生砌体走样或滑动。灰砂砖、粉煤灰砖不宜浇水过多，其含水率控制在 5%～8%为宜。

（2）砌块的准备

所用砌块产品龄期不应小于 28 d。一般情况下普通混凝土小砌块不宜浇水，但天气炎热时，可以在砌筑面上稍加喷水湿润；雨天小砌块表面有浮水时，不得施工。应尽量采用主规格小砌块，砌块的强度等级应符合设计要求，使用前还应清除小砌块表面污物，特别是承重墙用的小砌块应该完整无破损。

（3）砂浆的准备

① 现场拌制砂浆

砂浆需按设计通过试配确定砂浆配合比。当砌筑砂浆的组分材料有变更时，其配合比应重新确定。砂浆应采用机械搅拌。如若采用混合砂浆，应在使用前两周将石灰膏化好备用，不得采用脱水硬化的石灰膏。

砌筑砂浆使用的水泥品种及标号，应根据砌体部位和所处环境来选择。水泥进场使用前，应分批对其强度、安定性进行复验。检验批应以同一生产厂家、同一编号为一批。砂浆用砂的含泥量应满足下列要求：对水泥砂浆和强度等级不小于 M5 的水泥混合砂浆，不应超过 5%；对强度等级小于 M5 的水泥混合砂浆，不应超过 10%；人工砂、山砂及特细砂，应经试配能满足砌筑砂浆技术条件要求。

搅拌混合砂浆的投料顺序是：先加入少量的砂和水，随即将石灰膏全部加入，进行充分搅拌，均匀后再加入砂的用量一半和水，搅拌后再加入水泥和剩下的砂及水，经充分搅拌至颜色均匀、稠度适宜为止。

砌筑砂浆搅拌时间应符合下列规定：自投料完算起，水泥砂浆和水泥混合砂浆不得少于 2 min；水泥粉煤灰砂浆和掺用外加剂的砂浆不得少于 3 min；掺用有机塑化剂的砂浆，应为 3～5 min。

砂浆应随拌随用，水泥砂浆和水泥混合砂浆应分别在 3 h 和 4 h 内使用完毕；当施工期间最高气温超过 30℃时，应分别在拌成后 2 h 和 3 h 内使用完毕。对掺用缓凝剂的砂浆，其使用时间可根据具体情况适当延长。

② 干混砂浆制备

袋装干混砂浆应按不同品种、强度等级、批号分堆架空存放。存放仓库应防水、防潮，叠放高度不宜超过10包；散装干混砂浆应按不同品种和强度等级存放在不同的干混砂浆罐内，不得混存。干混砂浆罐应符合《干混砂浆散装移动筒仓》(SB/T 10461)的要求，容积不宜小于20 m^3，并应配置防离析装置、自显称量装置和自带连续式或滚筒式混浆机。

干混砂浆罐宜安装在混凝土强度等级不小于C25，平面平整度不大于4 mm/m，厚度不小于200 mm的混凝土地面上，并应有防雷措施。砂浆罐应防水、防潮，并应有标记。砂浆罐更换储存品种时应先清空。

干混砂浆的现场拌和应符合下列规定：

a. 干混砂浆宜按进场顺序先后使用。

b. 干混砂浆应通过砂浆罐底部连续式或滚筒式混浆机加水拌和，不得添加其他材料。拌合用水水质应符合国家现行标准《混凝土拌合用水标准》(JGJ 63—2006)的规定。

c. 干混砂浆应搅拌均匀，搅拌时间不宜少于180 s。每台班结束后，应及时清洗搅拌设备。

d. 正常使用中的砂浆罐内干混砂浆剩余量不宜少于4 t。

已搅拌的干混砂浆应在4 h内用完。当大气温度高于30℃施工时，已搅拌的干混砂浆应在2 h内用完，并应采取防止水分损失的措施，对出现泌水的砂浆拌合物应在使用前再次拌和。

材料的储备应根据施工现场分期分批使用材料的特点，按照以下原则进行材料储备：

a. 应按工程进度分期分批进行。现场储备的材料多了会造成积压，增加材料保管的负担，同时，也多占用了流动资金，储备少了又会影响正常生产，所以材料的储备应合理、适量。

b. 做好现场保管工作，以保证材料的原有数量和原有使用价值。

c. 现场材料的堆放应合理。现场储备的材料，应严格按照施工平面布置图的位置堆放，以减少二次搬运，且应堆放整齐，标明标牌，以免混淆。此外，亦应做好防水、防潮、易碎材料的保护工作。

d. 应做好技术试验和检验工作，对于无出厂合格证明和没有按规定测试的原材料，一律不得使用。不合格的建筑材料和构件，一律不准出厂和使用，特别对于没有使用经验的材料或进口原材料、某些再生材料更要严格把关。

2. 预制构件和商品混凝土的准备

工程项目施工中需要大量的预制构件、门窗、金属构件、水泥制品以及卫生洁具等。这些构件、配件必须事先提出订制加工单。对于采用商品混凝土现浇的工程，则先要到生产单位签订供货合同，注明品种、规格、数量、需要时间及送货地点等。

3. 施工机具的准备

施工选定的各种土方机械、混凝土、砂浆搅拌设备、垂直及水平运输机械、吊装机械、动力机具、钢筋加工设备、木工机械、焊接设备、打夯机、抽水设备等应根据施工方案和施工进度，确定数量和进场时间。需租赁机械时，应提前签约。

4. 模板和脚手架的准备

模板和脚手架是施工现场使用量大、堆放占地大的周转材料。

模板及其配件规格多、数量大，对堆放场地要求比较高，一定要分规格、型号整齐码放，以便于使用及维修。

大钢模一般要求立放，并防止倾倒，在现场也应规划出必要的存放场地。钢管脚手架、桥式脚手架、吊篮脚手架等都应按指定的平面位置摆放整齐；扣件等零件还应防雨，以防锈蚀。

当施工准备工作完成到具备开工条件后，项目经理部应填写开工报告表，申请开工，报上级主管部门批准后才能开工。实行建设监理的工程，企业还应将开工报告送监理工程师审批，由监理工程师签发开工通知书，在限定时间内开工，不得拖延。工程开工前，各项计划必须编制完成并已做好交底。

2.5 砖砌体工程施工

【学习目标】

(1) 掌握普通砖墙组砌形式与砌筑工艺。

(2) 掌握多孔砖墙的特点与砌筑要点。

(3) 掌握构造柱与圈梁的构造要求与施工要点。

(4) 了解砖墙局部构造施工做法。

【关键概念】

“三一”砌砖法、一顺一丁、梅花丁、圈梁、构造柱

砖混结构房屋产品的形成过程，是将图纸转化为实体的过程，主要须经过以下过程：定位放线——设置龙门桩(龙门板)——放基坑(基槽)开挖边线——土方开挖——地基验槽——浇筑混凝土垫层——基础放线——基础施工——基础验收——回填——抄平——放线——构造柱钢筋安装——摆砖——立皮数杆——挂线——墙体砌筑——外墙脚手架搭设——砌筑——楼面梁板支模——构造柱混凝土浇筑——楼面梁板钢筋安装——楼面预埋管道与预埋件敷设——楼面混凝土浇筑——进行墙体砌筑到楼面混凝土浇筑的循环——屋面混凝土浇筑——结构验收——室内外装修(屋面防水施工)——门窗工程——室内安装工程——室外工程——验收交工。

2.5.1 普通砖墙砌筑施工

1. 砌筑操作有关术语

(1) 整砖与砍砖各部分名称术语

一块砖有三个两两相等的面，最大的面叫作大面，较细长的一面叫作条面，短的一面

叫作丁面。砌筑时为了错缝搭接，需要将个别标准砖砍成七分头、半砖、二寸头，必要时，还要砍成二寸条，见图 2－29。

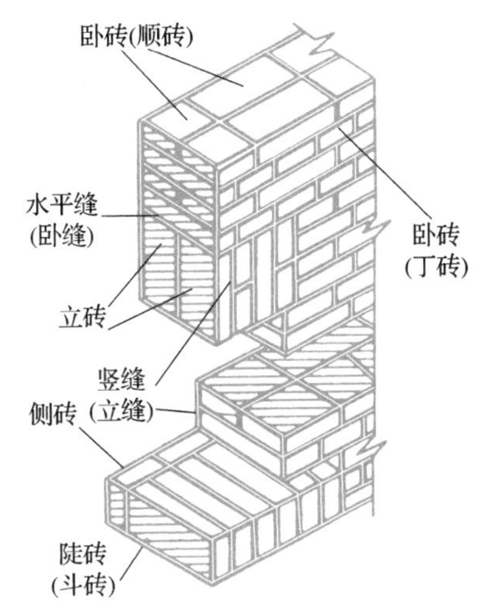

图2－29　整砖与砍砖各部分名称术语

(2) 砖在砌体中的位置术语

普通砖砌入墙体后，随其砌筑摆放的方式不同，分平砌(卧砌)、立砌和斗砌，采用平砌方式居多。当使用平砌时，条面朝向操作者的叫“顺砖”，丁面朝向操作者的叫“丁砖”。大面朝向操作者的有“立砖(立砌)”和“斗砖(斗砌)”两种形式。无论何种砌法，灰缝只有两种，即水平缝(卧缝)和竖缝(立缝)，如图 2－30 所示。

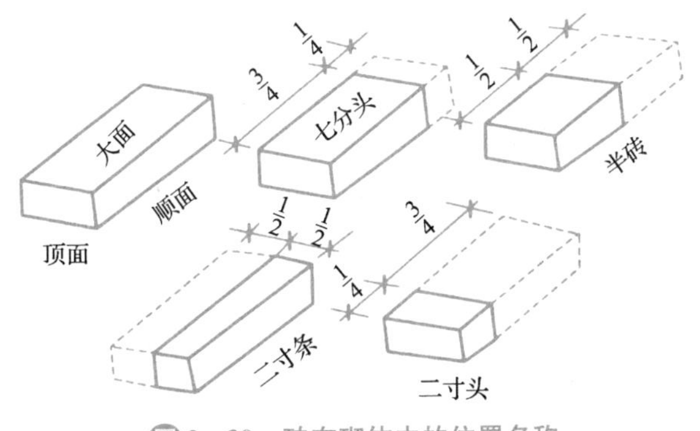

图2－30　砖在砌体中的位置名称

(3) 清水墙与混水墙

① 清水墙

清水墙指砖墙的外墙面砌成后，不需要对外墙面进行抹灰装饰，只需要勾缝，即成为成品，使砖砌体呈现横平竖直、错缝搭接的自然美感。清水墙对砖的质量和砌筑质量要求都较高。

② 混水墙

混水墙是相对于清水墙而言的，即墙体砌筑完成后，还需要做抹灰或贴面砖等装饰，才成为成品，因而对砌砖质量要求相对低一些，通常也不需要勾缝。

（4）墙体的厚度

砖墙的厚度习惯上以砖长为基数来称呼，如半砖墙、一砖墙、一砖半墙等。工程上以它们的标志尺寸来称呼，如一二墙、二四墙、三七墙等。常用墙厚的尺寸规律见表 2－6。

表 2－6　普通砖墙厚度的构造、尺寸及称谓

砖墙断面					
尺寸组成	115×1	115×1+53+10	115×2+10	115×3+20	115×4+30
构造尺寸	115	178	240	365	490
标志尺寸	120	180	240	370	490
工程称谓	一二墙	一八墙	二四墙	三七墙	四九墙
习惯称谓	半砖墙	3/4 砖墙	一砖墙	一砖半墙	两砖墙

2. 普通砖墙组砌形式

砖在砌体中不同的排列组合方式，称为砖砌体的组砌形式。

普通砖墙组砌形式

（1）一顺一丁

也称满丁满条组砌法，由一皮顺砖、一皮丁砖组砌而成，上下皮之间竖向灰缝都互相错开 1/4 砖长，如图 2－31 所示。这种砌法整体性较好且砌筑效率较高，是最常用的一种组砌形式。顺砖上下对齐的叫十字缝，顺砖上下层相互错开半砖的叫骑马缝（图 2－32）。

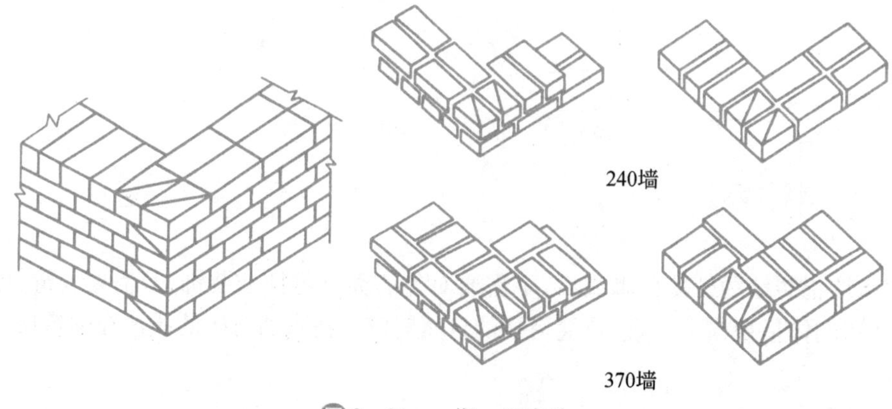

图 2－31　一顺一丁砌法

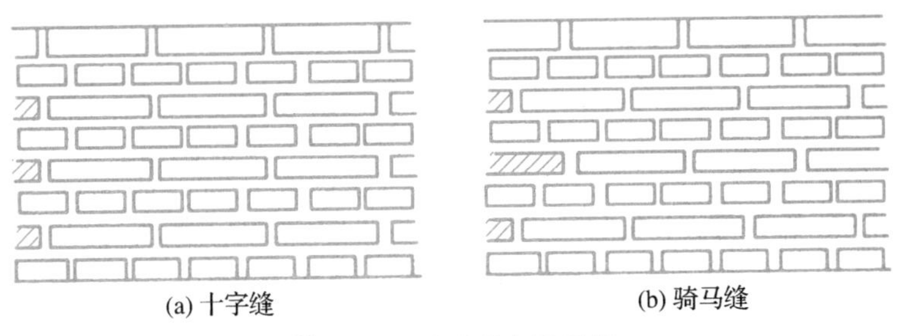

图2-32　十字缝与骑马缝

(2) 三顺一丁砌法

三顺一丁砌法是采用三皮顺砖间隔一皮丁砖的组砌方法，如图2-33。上下皮顺砖搭接半砖长，丁砖与顺砖搭接1/4砖长，同时要求山墙与檐墙的丁砖层不在同一皮砖上，以利于错缝搭接。这种砌法砌筑效率高，墙面易平整，多用于混水墙。

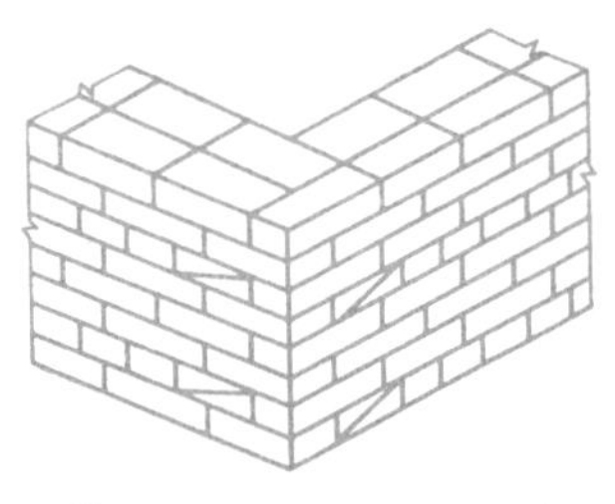

图2-33　三顺一丁砌法

(3) 梅花丁砌法

指在同一皮砖上采用两块顺砖夹一块丁砖的砌法，上下两皮砖的竖向灰缝错开1/4砖长，如图2-34。这种砌法整体性较好，灰缝整齐美观，但砌筑效率较低。

图2-34　梅花丁砌法

(4) 全顺砌法

全部采用顺砖砌筑，每皮砖上下搭接1/2砖长，适用于半砖墙的砌筑(图2-35)。

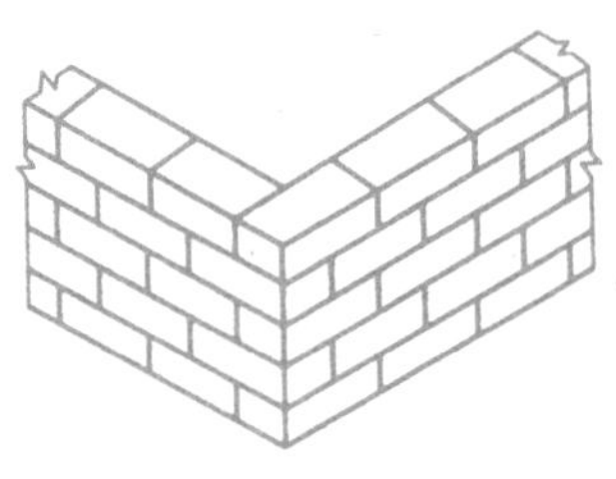

图2-35　全顺砌法

（5）丁砌法

全部采用丁砖砌筑，每皮砖上下搭接 1/4 砖长，适用于圆形烟囱与窨井的砌筑(图 2－36)。

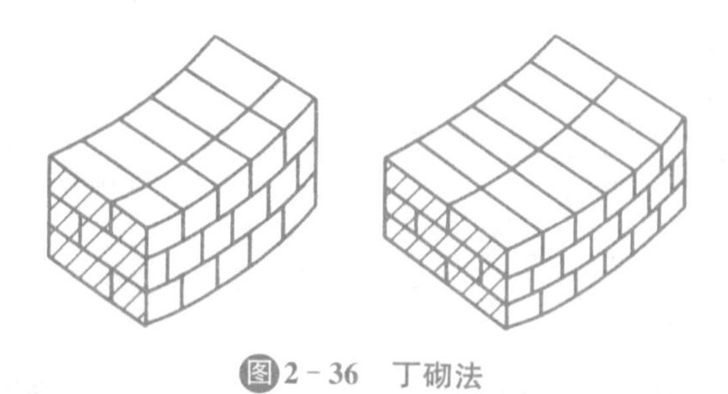

图2－36　丁砌法

（6）两平一侧砌法

当设计要求砌 180 mm 或 300 mm 厚砖墙时，可采用此砌法，即连砌两皮顺砖或丁砖，然后贴一层侧砖(条面朝下)。丁砖层上下皮搭接 1/4 砖长，顺砖层上下皮搭接 1/2 砖长。每砌两皮砖以后，将平砌砖和侧砖里外互换，即可组成两平一侧砌体，如图 2－37。

图2－37　两平一侧砌法

（7）十字墙与丁字墙砌法

在内外墙交接处，及两内墙交接时，普通砖墙的组砌方式如图 2－38 和图 2－39 所示。

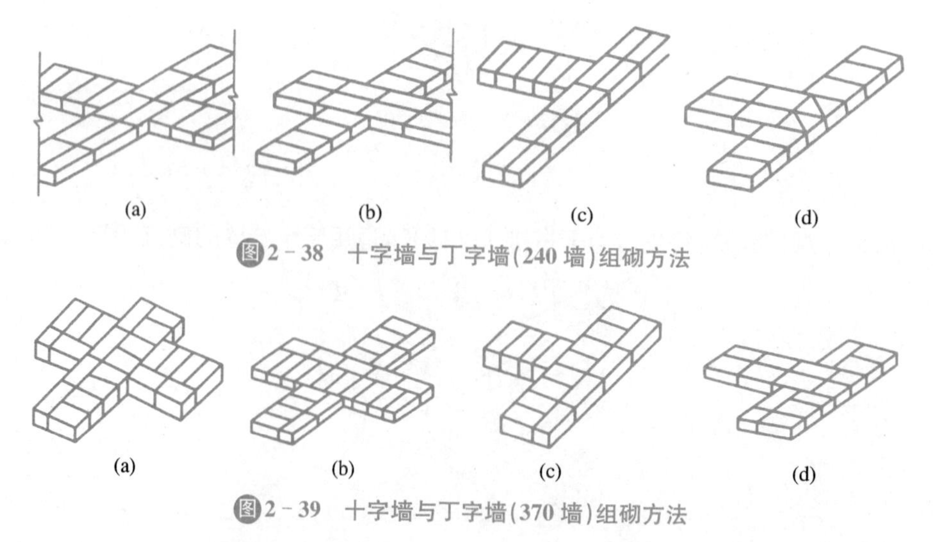

图2－38　十字墙与丁字墙(240 墙)组砌方法

图2－39　十字墙与丁字墙(370 墙)组砌方法

3. 砌砖操作方法

(1) “三一”砌砖法

“三一”砌砖法的基本动作是“一铲灰、一块砖、一挤揉”，具体操作顺序及要领如图 2-40 所示。

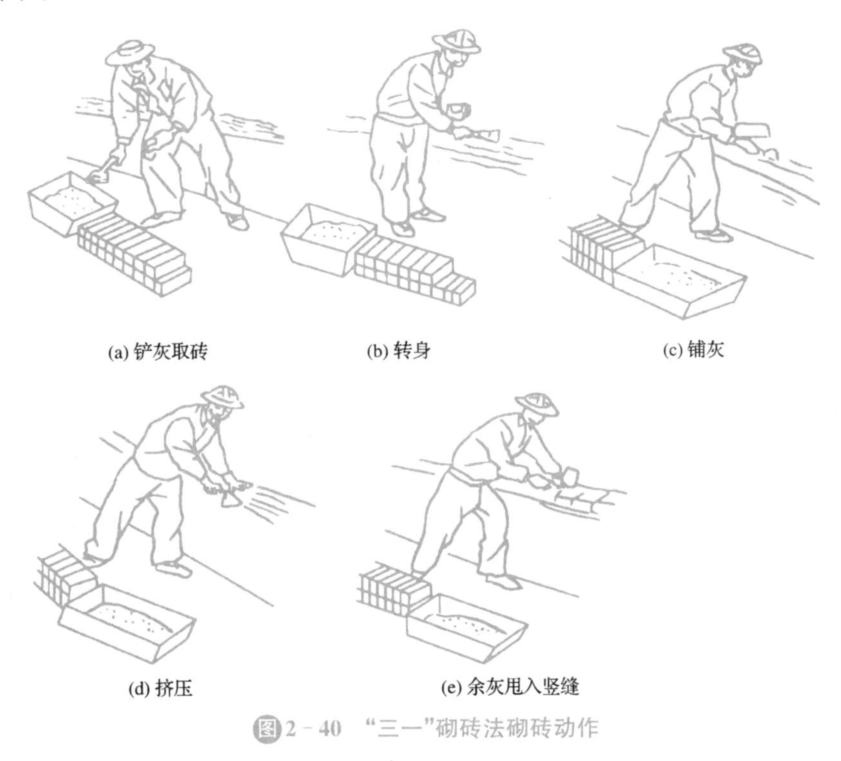

图 2-40　“三一”砌砖法砌砖动作

① 铲灰取砖

操作时，操作者应顺墙斜站，砌筑方向应由前向后或由左至右退着砌，这样便于对前边已砌好的墙进行检查。铲灰时，取灰量应根据灰缝厚度，以够砌筑一块砖的需要量为准，右手拿铲，左手拿砖，当右手从灰浆桶中铲起一铲灰时，左手顺手取一块砖。取砖时应做到手疾眼快，随拿就随做挑选。这样铲灰、取砖同时进行，减少了弯腰次数，节省了时间。

② 铺灰

铺灰是砌砖时比较关键的动作和技巧，如果掌握不好就会影响砌砖质量，降低砌砖速度。通常铺灰手法是甩浆，即将大铲上的灰准确地甩在要砌砖的位置上，甩浆有正手甩浆和反手甩浆。

甩浆法甩除砂浆的厚度应使摊铺面积正好能砌一块砖，不要铺的超过已砌完的砖太多，否则先铺的灰由于砖吸收水分会变稠，不利于下一块砖揉挤。铺好的灰不要用大铲来回扒拉，或用铲角抠点灰去打头缝，这样容易造成水平灰缝不饱满。砌完砖应将灰缝缩入墙内 10～12 mm，即所说的缩口灰，砂浆不铺到边，预留出勾缝深度。

③ 挤揉

当砂浆铺好后，左手拿砖在离已砌好的砖约 30～40 mm 处，开始平放并将砖稍稍蹭着灰面，把灰挤一点到砖顶头的立缝里，然后把砖揉一揉。顺手用大铲把挤出墙面上的灰刮起来，甩到前面立缝中或灰桶中。这些动作要连贯、快速。揉砖的目的是使砂浆饱满并与砖更好地黏结，并同时摆正。砂浆稀或铺得薄时砖要轻揉；砂浆稠或铺得厚时则要用力揉，可前后或左右揉，将砖揉到上齐准线下跟砖棱，把砖摆正为准。做到“上跟线，下跟棱，左右相跟要对平”。

三一砌砖法是一种最常用的基本手法，该法灰缝饱满，黏结好，整体性好，强度高，且易保持墙面清洁，但通常是单人操作，操作过程要取砖、铲灰、铺灰、转身、弯腰的动作较多，劳动强度大，砌筑效率较低。

(2) 满口灰刮浆砌砖法

满口灰刮浆砌砖法又称作瓦刀批灰法，是指在砌砖时，先用瓦刀将砂浆打在砖黏结面上和砖的灰缝处，然后将砖用力按在墙上的方法(图 2－41)。

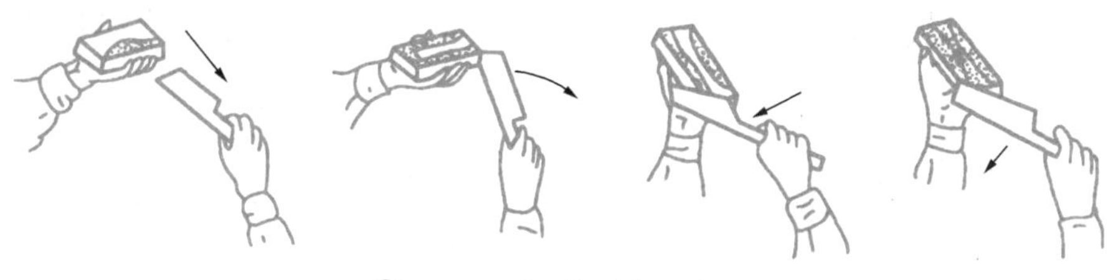

图2－41 满口灰刮浆砌砖法

刮浆有两种手法：一种是刮满刀灰，将砖底满抹砂浆；另一种是将砖底四边刮上砂浆，而中间留空，此种方法因灰浆不易饱满，降低砌体强度。故砌砖时一般应采用满刀灰刮浆法。

具体操作方法：通常使用瓦刀，操作时右手拿瓦刀，左手拿砖，先用左手正手拿砖用瓦刀把砂浆刮在砖的侧面，然后左手反手拿砖用瓦刀抹满砖的大面，并在另一侧刮上砂浆，要刮布均匀，中间不要留有空隙，四周可以稍厚一些，中间稍薄些。与墙上已砌好的砖接触的头缝即碰头灰也要刮上砂浆。当砖块刮好砂浆后，放在墙上，挤压至准线平齐。如有挤出墙面的砂浆需用瓦刀刮下填于头缝内。

这种方法砌筑的砖墙因砂浆刮得均匀，灰缝饱满，所以砖墙质量较好，但工效较低，通常仅用于铺砌砂浆有困难的部位，如砌平拱、弧拱、窗台虎头砖、花墙、炉灶、空斗墙等。

(3) 摊尺铺灰法

摊尺砌砖法是指先在墙面上铺 1 m 长的砂浆，用摊尺找平，然后在铺设好的砂浆上砌砖的一种方法。

摊尺砌砖法的步骤为：通常使用瓦刀，操作时用灰勺和大铲舀砂浆，并均匀地倒在墙上，然后左手拿摊尺靠在墙的边棱上，右手用瓦刀把砂浆刮平(图 2－42)。砌砖时左手拿砖，右手用瓦刀在砖的头缝处打上砂浆，随即砌上砖并压实。砌完一端铺灰长度后，将瓦刀放在最后砌完的砖上转身再舀灰，如此逐段铺砌。每次砂浆摊铺长度应看气温高低、砂浆种类及砂浆稠度，不宜超过 1 m，否则会影响砂浆与砖的黏结力。

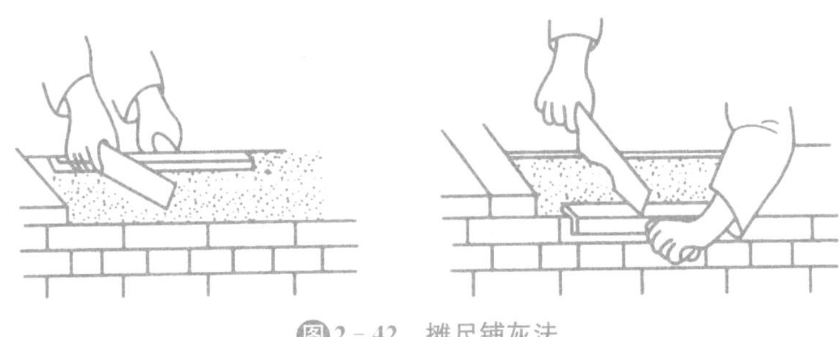

图2-42　摊尺铺灰法

在砌筑时应注意，砖块头缝的砂浆另外用瓦刀抹上去，不允许在铺平的砂浆上刮取，以免影响水平灰缝的饱和度。摊尺铺灰砌筑时，当砌一砖墙时，可一人自行铺灰砌筑，墙较厚时可组成两人小组，一人铺灰，一人砌墙，分工协作密切配合，这样会提高工效。该法灰缝均匀，墙面清洁美观，适用于砌筑门窗洞口较多的墙身。由于砖只能摆砌，不能挤砌，事先铺好的砂浆易失水变稠干硬，故黏结能力较差。

4. 普通砖墙砌筑流程与过程施工要点

普通砖墙砌筑施工

普通砖墙的砌筑施工一般为：抄平→弹线→摆砖→立皮数杆→挂线→铺灰砌砖→勾缝(清水墙)→清扫墙面。

(1) 抄平

① 首层墙体砌筑前的抄平

一般建筑物首层墙体是从防潮层起始的。防潮层下一般是钢筋混凝土圈梁或砖、石砌体。无论哪种基层，由于施工中基层表面不同位置的标高存在差异，因此需要抹找平层，一般建筑找平层和防潮层是合二为一的。找平层的做法是：在基层表面外墙四个大角位置及每隔 10 m 位置抹一灰饼，用水准仪确定灰饼的上表面标高，使之与设计标高一致。然后，按这些标高用 M7.5 防水砂浆或掺有防水剂的 C10 细石混凝土找平，此层既是防潮层，也是找平层。

② 楼层墙体砌筑前的抄平

每层的楼板施工完毕开始砌筑墙体前，将水准仪架设在楼板上，检测外墙四角表面的标高与设计标高的误差。根据误差来调整后续墙体的灰缝厚度，一般是经过 10 皮砖即可改正过来。

(2) 弹线

① 首层墙体施工放线

找平层具有一定强度后，用经纬仪将外墙轴线从控制桩(龙门板)引测到找平层表面，每隔一段画一标记点，然后将各点连续用墨斗弹出墨线连成该墙的轴线，在外墙轴线上，用钢尺测设各内墙轴线位置，测设时，不应从一端逐轴向另一端用钢尺测定，以避免累积误差过大。轴线弹出后，按设计尺寸弹出墙的两边线。

② 复核

在弹线时应对所砌基础情况进行复核，利用主轴线位置检查基础有无偏移，避免上下墙体出现错位现象，发现此种情况应及时向技术部门汇报，以便及时解决。同时还应注意整个建筑物轴线总长误差应控制在 1/2 000～1/5 000 范围内。

首层轴线复查无误后，将轴线引测到外墙外侧面，一般是画一红三角做标记，红三角与铅垂方向平行的一边即为轴线位置，以此作为上面楼层墙体轴线的引测依据。此外还有在建筑四角外墙侧面的略低于找平层位置上引测标高基准点。一般是画一倒立的红三角，红三角上面的边平行于水平方向，标高可为－0.300 或－0.200，以此作为上面楼层标高的引测依据。

③ 定门窗洞口

当轴线尺寸无误时，再按图纸尺寸将门窗位置在基础墙上定位并用墨线弹好线，门的位置在基础墙平面上画出，窗的位置一般画在基础的侧面，并在门、窗口线处标注好门、窗洞口尺寸，窗台的高度尺寸在皮数杆中反映。

④ 高程传递

当墙体砌筑到一步架高时(1.2 m 高)，用水准仪在室内墙面上测设一条距室内地坪 0.500 m 高的一周圈水平线，称为“50 线”，作为该楼层所有标高的控制线。对于二层以上各楼层，在墙体砌筑一步架时，同样测设 50 线。一般在楼梯间处用钢尺从下层的 50 线向上量取层高的距离，然后再用水准仪测设该层的 50 线。测设好 50 线后用墨斗在墙上弹出墨线，上下楼层之间的标高可用钢尺沿外墙直接丈量。

上、下层门窗洞口的对齐，一般可用垂球线引测。

(3) 摆砖(排砖撂底)

摆砖，又称撂底，是指在放线的基面上按选定的组砌方式用砖试摆，其目的是为了校对所放出的墨线在门窗洞口、附墙垛等处是否符合砖的模数，如不符合，应作适当的调整，以尽可能减少砍砖，满足上下错缝、灰缝均匀、组砌得当的要求。

在整个房屋外墙长度方向上摆卧砖，砖与砖之间留 10 mm 缝隙，从一个大角摆到另一个大角。山墙应排丁砖，前后檐墙应排顺砖(跑砖)，俗称“山丁檐跑”。为了错开砖缝，四个转角应用七分头，七分头顺着条砖排列，从两个山墙看第一层砖全是丁砖，对于非整砖通常是用瓦刀砍制，易造成砖的破损严重，提倡采用切割机械切割。

力求在门窗口及附墙垛等地方能砌整砖，如果门窗口处摆整砖相差 10～20 mm，可以通过调整竖向灰缝的宽度来避免砍砖，必要时，还可以将门窗口稍加移动，使窗间墙凑成整砖数，但移动的距离不得超过 60 mm。移动门窗口位置时，应注意暖卫立管安装及门窗开启时不受影响。

山墙的两个大角排砖必须对称一致，如果山墙的长度尺寸与排砖的尺寸不符，可以调整改动砖块之间立缝的宽度，如果剩一个丁砖，应排在窗口中间；没有窗口可排在山墙中间，但必须对称一致。

前后檐墙排第一皮砖时，不仅要把窗口以下砖墙排得合理，还要注意把窗间墙、左右墙角的砖排对称，不得出现“阴阳膀”，必要时可以把门窗口左右做少许移动，把需要砍砖的部位(也叫破活)布置在门窗口中间或其他不明显的部位。另外，还必须考虑砌至窗平口以后，上部合拢时，砖的排列要达到错缝合理的要求。

(4) 设置皮数杆

在墙砌筑施工中，墙身各部位的标高可用皮数杆来控制(施工现场也有很多操作人员不用皮数杆，而用钢尺丈量)的。皮数杆是根据建筑物剖面图的标高而设，其上画有每皮砖和灰缝的厚度，以及窗台、门窗洞口、过梁、雨篷、圈梁、楼板等构件的标高(图2-43)，用以控制砌墙时砖与灰缝的厚度及各部位的标高。

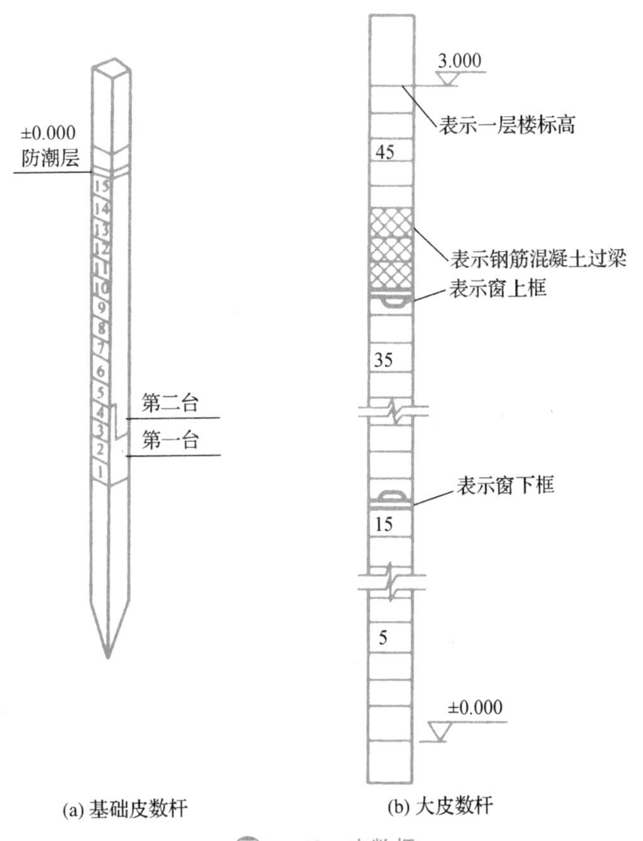

(a) 基础皮数杆　(b) 大皮数杆

图2-43　皮数杆

皮数杆一般都设立在建筑物的转角和内外墙交界处(图2-44)，皮数杆水平的间距以15～20 m为宜，一般立于砌筑脚手架的另一侧。

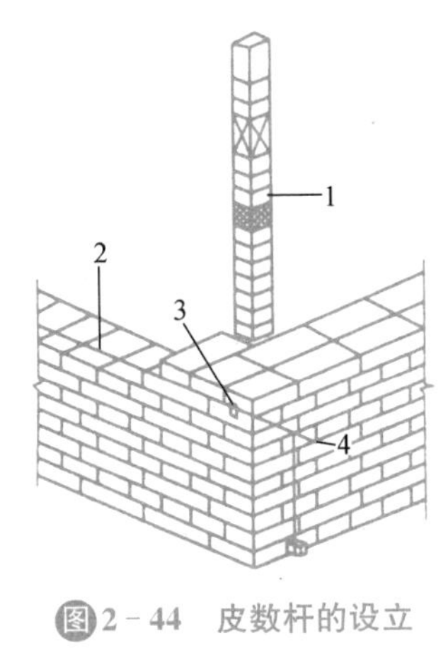

图2-44　皮数杆的设立

1—皮数杆；2—准线；3—竹片；4—铁钉

(5) 砌大角、挂线

① 砌大角

大角又称头角，即墙角，是砌墙挂线确定墙面横平竖直的主要依据。开始砌筑墙体时，由技术水平高的工人先砌墙角，俗称砌大角，即盘角。盘角要做到选砖整齐方正，七分头规整一致，头角垂直，砌砖时放平摺正。

盘角开始时先砌3～5皮砖，用方尺检查其方正度，用线锤检查其垂直度，当大角砌到1 m左右高时，应使用托线板认真检查大角的垂直度，再继续往上砌时，操作者要用眼"穿"看已砌好的角，根据三点共线的原理来掌握垂直度。

盘角时必须对照皮数杆，控制好砖层上口高度。5皮砖盘好后，两端拉通线检查水平灰缝平直度。

② 挂线

砌筑工砌墙时主要依靠准线来掌握墙体的平直度，所以挂线工作十分重要。

盘角后，经检查无误后，即可挂小线，即墙边准线，作为砌筑中间墙体的依据，以保证墙面平整。准线按皮挂，砌一皮砖，升一次线，砌砖一定要跟线，每层砖都要穿线看平，使水平缝均匀一致，平直通顺。

一般二四墙采用单面挂线(操作人员在实际施工中，为了反手墙平整度更好也采用双面挂线)，三七墙应采用双面挂线，四九墙以上则必须采用双面挂线。

挂线时，两端必须栓砖拉紧，保持平直，为防止准线过长塌线，可在中间可用"牙签"支垫。挂线方法如图所示。挂线以后，在墙角处可用小竹片或细铁条作为别线棍将线别住，以防将线嵌入灰缝。在砌筑过程中，要经常检查有无砌体抗线(线向外拱)或塌腰(线中间下垂)以及因风吹而发生准线偏离的情况，发现后要及时纠正，使准线保证正确的位置。

值得注意的是，对抗震构造的砌体结构工程，由于在外墙墙角要设置构造柱，因而使得盘角已经基本不存在了，这就要求砌筑挂线操作必须以弹出的墙体边线为准进行挂线。

(6) 铺灰砌砖

砌筑过程中必须注意做到"上跟线，下跟棱，左右相邻要对平"。"上跟线"是指砖的上棱必须紧跟准线，一般情况下，上棱与准线相距约1 mm，因为准线略高于砖棱，当准线水平颤动、出现拱线时容易被发现。"下跟棱"是指砖的下棱必须与下层砖的上棱平齐，保证砖墙的立面垂直平整。"左右相邻要对平"是指前后、左右的位置要准确，砖面要平整。

砖墙砌到一步架高时，要用靠尺全面检查垂直度、平整度，因为它是保证墙面垂直平整的关键之所在。在砌筑过程中，一般应是"三皮一吊，五皮一靠"，即砌三皮砖用吊线坠检查墙角的垂直情况，砌五皮砖用靠尺检查墙面的平整情况。

为保证清水墙面竖缝垂直，不游丁走缝，当砌完一步架高时，宜每隔2 m水平间距，在丁砖位置弹两道垂直立线，用以分段控制游丁走缝。在操作过程中，要认真进行自检，如出现有偏差，应随时纠正。严禁事后砸墙。

混水墙应随砌随将舌头灰刮尽。

砖墙每天砌筑高度一般不得超过1.8 m，雨天不得超过1.2 m。

（7）勾缝、清扫墙面

① 清水墙的勾缝

勾缝是砌清水墙的最后一道工序，具有保护墙面和增加墙面美观的作用。内墙面可采用砌筑砂浆随砌随勾缝，称为原浆勾缝；外墙面应待砌完整个墙面后，再用细砂拌制1∶1.5的水泥砂浆或佳色砂浆勾缝，称加浆勾缝。

勾缝前，应清除墙面上黏结的砂浆、灰尘等，并洒水湿润。勾缝要求横平竖直，色泽深浅一致，不得有瞎缝、丢缝、裂缝和黏结不牢等现象。

② 混水墙的墙面处理

混水墙砌完后，只需用一根厚8 mm的扁铁将灰缝刮一次，将凸出墙面的砂浆刮去，灰缝缩进墙面10 mm左右，以便于后续抹灰等装饰施工即可。

2.5.2　多孔砖墙体砌筑施工

多孔砖墙砌筑施工

1. 多孔砖的特点及组砌形式

（1）多孔砖的特点

① 不宜用于建筑物的地下部分。由于多孔砖自身小孔的存在，其抗冻融等性能较差，不宜用于建筑地下潮湿部分，应采用其他的建筑材料。

② 局部受压能力较差。由于多孔砖内部有小孔洞，孔壁较薄，承受局部压力能力较差。对于过梁下等局部受压部位，可采用将小孔灌实混凝土的措施，提高多孔砖的局部受压能力。

③ 存在"销键"的作用。砌筑过程中，砌筑砂浆嵌入下层多孔砖的孔洞中，形成所谓"销键"，能够提高多孔砖砌体的抗剪强度，对抗震有利。但由于多孔砖的质量差异，特别是孔壁上的微裂缝，以及由于砌筑水平不同而形成的砌体缝和"销键"数量的不确定性，故在实际应用中，其砌体的抗剪强度一般还是取与黏土实心砖相等的数值。

"销键"的副作用反映在混凝土圈梁与多孔砖墙体上部的接触面，圈梁混凝土灌入多孔砖小孔内时，由于混凝土与砖的温差变形不同，会产生较大的相互作用力，严重时造成墙体开裂。为此，在浇筑圈梁混凝土前，应在多孔砖墙体顶部抹一层砌筑砂浆，削弱此种"销键"的副作用。

（2）多孔砖墙的组砌形式

多孔砖墙砌筑承重墙，其孔洞应垂直于受压面。代号M的多孔砖规格是190 mm×190 mm×90 mm，一般只有全顺砌法，上下皮竖缝相互错开1/2砖长，如果采用一部分半砖（190 mm×90 mm×90 mm，墙体T字接头中横墙的端头要用半砖），则可组砌成梅花丁，墙厚为190 mm，如图2-45。

代号P的多孔砖规格为240 mm×115 mm×90 mm，砌筑法有一顺一丁和梅花丁两种，如图2-46。

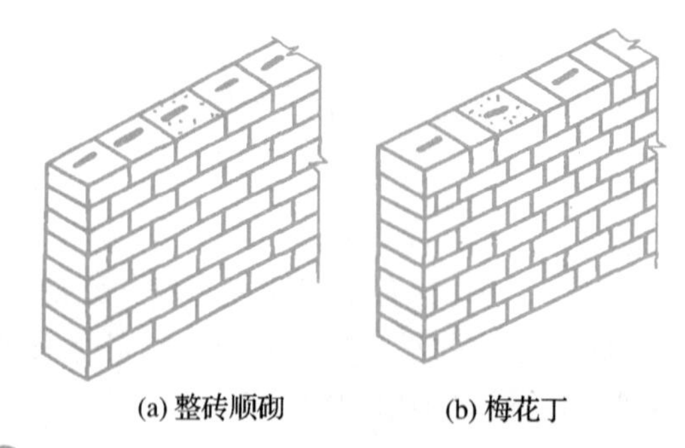

(a) 整砖顺砌　　(b) 梅花丁

图 2-45　190 mm×190 mm×90 mm 多孔砖组砌形式

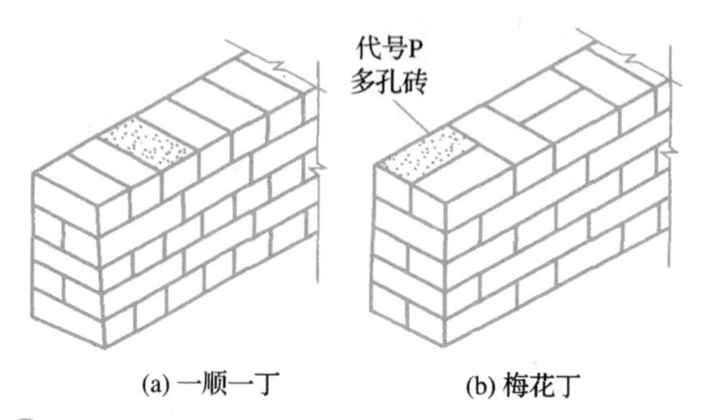

(a) 一顺一丁　　(b) 梅花丁

图 2-46　240 mm×115 mm×90 mm 多孔砖组砌形式

2. 多孔砖墙体排砖方法

从多孔砖的尺寸上看，KP1 型多孔砖的长、宽尺寸与普通砖相同，仅每块砖高度增加到 90 mm，所以在使用上近乎接近普通砖。普通砖砌体结构体系的模式和方法在 KP1 型多孔砖工程中都可沿用，这里不再介绍。模数多孔砖(DM 型或 M 型多孔砖)在推进建筑产品规范化、提高效益等方面有更多的优势，工程中可根据实际情况选用。模数多孔砖砌体工程有其特定的排砖方法。

(1) 模数多孔砖砌体排砖方案

不同尺寸的砌体用不同型号的模数多孔砖砌筑。砌体长度和厚度以 50 mm(1/2M)进级，即 90 mm、140 mm、190 mm、240 mm、340 mm 等(表 2-7、表 2-8)，高度以 100 mm(1M)进级(均含灰缝 10 mm)。个别边角不足整砖的部位用砍配砖 DMP 或锯切 DM4、DM3 填补。挑砖挑出长度不大于 50 mm。

表 2-7　模数多孔砖砌体厚度进级及砌筑方案　　(单位:mm)

模数	1M	$\frac{3}{2}$M	2M	$\frac{5}{2}$M	3M	$\frac{7}{2}$M	4M
墙厚	90	140	190	240	290	340	390
1 方案	DM4	DM3	DM2	DM1	DM2+DM4	DM1+DM4	DM1+DM3
2 方案				DM3+DM4		DM2+DM3	

注:推荐 1 方案。190 mm 厚内墙亦可用 DM1 砌筑。

表2-8 模数多孔砖砌体长度尺寸进级表 (单位:mm)

模数	$\frac{1}{2}$M	1M	$\frac{3}{2}$M	2M	$\frac{5}{2}$M	3M	$\frac{7}{2}$M	4M	$\frac{9}{2}$M	5M
砌体		90	140	190	240	290	340	390	440	490
墙中或墙垛	50	100	150	200	250	300	350	400	450	500
砌口	60	110	160	210	260	310	360	410	460	510

(2) 模数多孔砖排砖方法

模数多孔砖排砖重点在于340墙体和节点,具体内容如下:

① 墙体。本书排砖以340外墙、240内墙、90隔墙的工程为模式。其中,340墙体用两种砖组合砌筑,其余各用一种砖砌筑。

② 排砖原则。"内外搭砌、上下错缝、长边向外、减少零头"。上、下两皮砖错缝一般为100 mm,个别不小于50 mm。内外两皮砖搭砌一般为140 mm、90 mm,个别不小于40 mm。在构造柱、墙体交接转角部位,会出现少量边角空缺,需砍配砖DMP或锯切DM4、DM3填补。

(3) 平面排砖

从角排起,延伸推进。以构造柱及墙体交接部位为节点,两节点之间墙体为一个自然段,自然段按常规排法,节点按节点排法。

外墙砖顺砌。即长度边(190 mm)向外,个别节点部位补缺可扭转90°,但不得横卧使用(即孔方向必须垂直)。

为避免通缝,340外墙楼层第一皮砖将DM1砖放在外侧。

(4) 竖向排砖

首层首皮从-100 mm、楼层从建筑楼面标高处起步,每皮高100 mm,一般墙体每两皮一循环,构造柱部位有马牙槎进退,故四皮一循环。

(5) 排砖调整

340外墙遇以下情况,需做一定的排砖调整。

① 凸形外山墙段,一般需插入一组长140 mm调整砖。

② 外墙中段对称轴处为内外墙交接部位,以E类节点调整。

③ 凸形、凹形、中央楼梯间外墙段,中心对称轴部位为窗口,两侧在阳角、阴角及窗口上下墙处插入不等长的调整砖。

(6) 门窗洞口排砖要求

洞口两侧排砖均应取整砖或半砖,即长190 mm或90 mm,不可出现3/4或1/4砖,即长140 mm或40 mm砖。

(7) 外门窗洞口排砖方法

340 mm或240 mm外墙门窗洞口如设在房间开间的中心位置,需结合实际排砖情况,向左或向右偏移25 mm,以保证门窗洞口两侧为整砖或半砖,但调整后两侧段洞口边至轴线之差不得大于 50 mm。

(8) 窗下暖气槽排砖方法

340 墙体窗下暖气槽收进 150 mm,厚 190 mm,用 DM2 砌筑,槽口两侧对应窗洞口各收进 50 mm。

(9) 340 外墙减少零头方法

在适当的部位,可用横排 DM1 砖以减少零头。遇 40 mm×40 mm 的空缺可填混凝土或砂浆。在构造柱马牙槎放槎合适位置,可用整砖压进 40 mm×40 mm 的一角以减少零头。

(10) 排砖设计与施工步骤

设计人员应熟悉和掌握模数多孔砖的排砖原理和方法,以指导施工。在施工图设计阶段,建筑专业设计人员宜绘制排砖平面图(1∶20 或 1∶30),并以此最后确定墙体及洞口的细部尺寸。

施工人员应熟悉和掌握模数多孔砖排砖的原则和方法,在接到施工图纸后,即应按照排砖规则进行排砖放样,以确定施工方案,统计不同砖型的数量编制采购计划。

在首层±0.000 墙体砌筑施工开始之前,应进行现场实地排砖。根据放线尺寸,逐块排满第一皮砖并确认妥善无误后,再正式开始砌。如发现有与设计不符之处,应与设计单位协商解决后方可施工。

3. 多孔砖墙体砌筑工艺

(1) 多孔砖墙体砌筑过程

① 润砖

常温施工时,多孔砖在砌筑前 1～2 d 浇水湿润。砌筑时,砖的含水率宜控制在 10%～15%,一般当水浸入砖四周 15～20 mm,含水率即满足要求。不得用干砖上墙。

② 确定组砌方法

砌体应上下错缝、内外搭砌,宜采用一顺一丁、梅花丁或三顺一丁砌筑形式。

③ 选砖和排砖

a. 选砖:砌清水墙、柱用的多孔砖应选择边角整齐,无弯曲、无裂纹,色泽均匀,敲击时声音响亮,规格基本一致的砖。

b. 排砖撂底:依据墙体线、门窗洞口线及相应控制线,按排砖图在工作面试排。一般外墙第一层砖撂底时,两山排丁砖,前后檐纵墙排条砖。窗间墙、垛尺寸如不符合模数,可将门窗洞口的位置左右移动(≤60 mm)。如有“破活”时,七分头或丁砖应排在窗口中间、附墙垛或其他不明显部位。移动门窗口位置时,应注意不要影响暖卫立管安装和门窗的开启。排砖应考虑门窗洞口上边的砖墙合拢时不出现“破活”。后檐墙排第一皮砖时,要考虑甩窗口后砌条砖,窗角上必须是七分头,墙面单丁才是“好活”。

④ 砌筑墙体

a. 挂线:砌筑一砖厚混水墙时,采用外手挂线;砌筑一砖半墙必须双面挂线;砌长墙多人使用一根通线时,中间应设几个支点,小线要拉紧,每层砖都要穿线看平,使水平灰缝均匀一致，平直通顺。遇刮风时，应防止挂线成弧状。

b. 砌砖：砌筑墙体时，多孔砖的孔洞应垂直于受压面，砌筑前应试摆，砖要放平跟线。

c. 对抗震地区砌砖宜采用一铲灰、一块砖、一挤揉的“三一”砌砖法，即满铺、满挤操作法；对非抗震地区，除采用“三一”砌砖法外，也可采用铺浆法砌筑，铺浆长度不得超过500 mm。

d. 砌体灰缝应横平竖直。水平灰缝厚度和竖向灰缝宽度宜为10 mm，但不应小于8 mm，也不应大于12 mm。砌体灰缝砂浆应饱满，水平灰缝的砂浆饱满度不得低于80%；竖向灰缝宜采用加浆填灌的方法，严禁用水冲浆灌缝。竖向灰缝不得出现透明缝、瞎缝和假缝。

e. 砌清水墙应随砌随刮去挤出灰缝的砂浆，等灰缝砂浆达到“指纹硬化”（手指压出清晰指纹而砂浆不黏手）时即可进行划缝，划缝深度为8～10 mm，深浅一致，墙面清扫干净。砌混水墙应随砌随将舌头灰刮尽。

f. 砌筑过程中要认真进行自检。砌完基础或每一楼层后，应校核砌体的轴线和标高；对砌体垂直度应随时检查。如发现有偏差超过允许范围，应随时纠正，严禁事后砸墙。

g. 砌体相邻工作段的高度差，不得超过一层楼的高度，也不宜大于3.6 m。临时间断处的高度差，不得超过一步脚手架的高度。工作段的分段位置宜设在伸缩缝、沉降缝、防震缝构造柱或门窗洞口处。

h. 常温条件下，每日砌筑高度应控制在1.4 m以内。

⑤ 勾缝

a. 墙面勾缝应横平竖直，深浅一致，搭接平顺。

b. 清水砖墙勾缝应采用加浆勾缝，并宜采用细砂拌制的1∶1.5水泥砂浆。当勾缝为凹缝时，凹缝深度宜为4～5 mm。

c. 混水砖墙宜用原浆勾缝，但必须随砌随勾，并使灰缝光滑密实。

（2）多孔砖墙体施工要点

① 砖的运输及装卸

多孔砖由于孔洞形成薄壁部位，因此，在运输装卸过程中应加以注意，禁止随便抛掷或采用翻斗车倾卸。砖运到施工现场后，应整齐地堆放在较坚实的场地上，堆置高度不宜超过2 m，并做好排水措施，防止雨天地基塌陷而砖堆倾倒，造成多孔砖破碎。

② 含水率的控制

烧结多孔砖具有多个小孔，有利于砖的吸水，但不应误认为可以缩短浇水时间或者马虎。应该在砌墙前1～2 d，进行浇水湿润，否则难以达到10%～15%的规定含水率要求。

③ 砂浆的稠度要求

砌筑多孔砖的砂浆，其稠度主要应考虑砌筑操作方便，避免砂浆过多落入孔洞内造成浪费，同时保证“销键”的形成。为此，多孔砖砌体的砂浆稠度可提高70～90 mm。当砖的含水率为15%左右时，砂浆的稠度应取70 mm，反之，当砖的含水率为10%时，砂浆稠度则取90 mm，这样，既便于施工操作，又有利于砌体质量的提高。

2.5.3 构造柱与圈梁施工

圈梁与构造柱施工

1. 圈梁设置与构造要求

(1) 圈梁设置要求

住宅、办公楼等多层砌体结构民用房屋，且层数为3～4层时，应在底层和檐口标高处各设置一道圈梁。当层数超过4层时，除应在底层和檐口标高处各设置一道圈梁外，至少应在所有纵、横墙上隔层设置。多层砌体工业房屋，应每层设置现浇混凝土圈梁。设置墙梁的多层砌体结构房屋，应在托梁、墙梁顶面和檐口标高处设置现浇钢筋混凝土圈梁。

采用现浇混凝土楼(屋)盖的多层砌体结构房屋，当层数超过5层时，除应在檐口标高处设置一道圈梁外，可隔层设置圈梁，并应与楼(屋)面板一起现浇。未设置圈梁的楼面板嵌入墙内的长度不应小于120 mm，并沿墙长配置不少于2根直径为10 mm的纵向钢筋。

厂房、仓库、食堂等空旷单层砖砌体结构房屋的檐口标高为5 m～8 m时，应在檐口标高处设置圈梁一道；檐口标高大于8 m时，应增加设置数量；对有吊车或较大振动设备的单层工业房屋，当未采取有效的隔振措施时，除在檐口或窗顶标高处设置现浇混凝土圈梁外，尚应增加设置数量。

建筑在软弱地基或不均匀地基上的砖砌体结构房屋，除按上述要求设置圈梁外，尚应符合现行国家标准《建筑与市政地基基础通用规范》(GB 55003—2021)的有关规定。

(2) 圈梁构造要求

圈梁应符合下列构造要求：

① 圈梁宜连续地设在同一水平面上，并形成封闭状；当圈梁被门窗洞口截断时，应在洞口上部增设相同截面的附加圈梁。附加圈梁与圈梁的搭接长度不应小于其中到中垂直间距的2倍，且不得小于1 m，如图2-47所示。

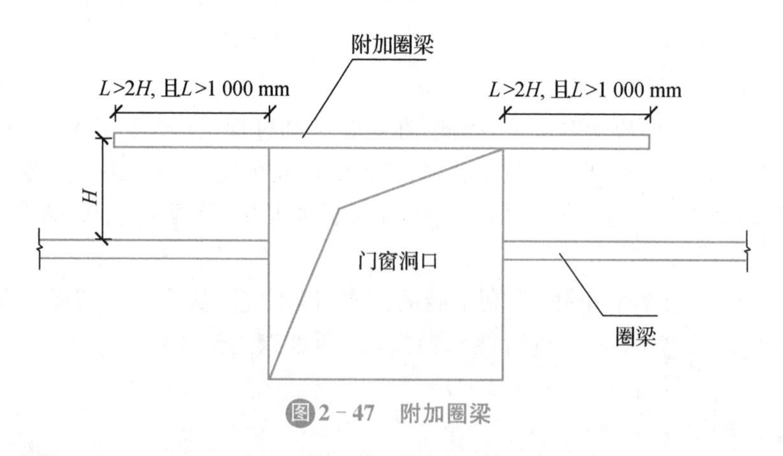

图2-47 附加圈梁

② 纵、横墙交接处的圈梁应可靠连接。刚弹性和弹性方案房屋，圈梁应与屋架、大梁等构件可靠连接。

③ 混凝土圈梁的宽度宜与墙厚相同，当墙厚不小于240 mm时，其宽度不宜小于墙厚的2/3。圈梁高度不应小于120 mm。纵向钢筋数量不应少于4根，直径不应小于

10 mm，绑扎接头的搭接长度按受拉钢筋考虑，箍筋间距不应大于 300 mm；圈梁兼作过梁时，过梁部分的钢筋应按计算面积另行增配。

2. 构造柱设置与构造要求

(1) 构造柱设置要求

① 构造柱设置部位应符合表 2－9 的规定。

表 2－9　砖砌体房屋构造柱设置要求

<table>
<tr><th colspan="4">房屋层数</th><th colspan="2" rowspan="2">设置部位</th></tr>
<tr><th>6 度</th><th>7 度</th><th>8 度</th><th>9 度</th></tr>
<tr><td>≤五</td><td>≤四</td><td>≤三</td><td></td><td rowspan="3">楼、电梯间四角，楼梯斜梯段上下端对应的墙体处；
外墙四角和对应转角；
错层部位横墙与外纵墙交接处；
大房间内外墙交接处；
较大洞口两侧</td><td>隔 12 m 或单元横墙与外纵墙交接处；
楼梯间对应的另一侧内横墙与外纵墙交接处</td></tr>
<tr><td>六</td><td>五</td><td>四</td><td>二</td><td>隔开间横墙（轴线）与外墙交接处；
山墙与内纵墙交接处</td></tr>
<tr><td>七</td><td>六、七</td><td>五、六</td><td>三、四</td><td>内墙（轴线）与外墙交接处；
内墙的局部较小墙垛处；
内纵墙与横墙（轴线）交接处</td></tr>
</table>

注：较大洞口，内墙指不小于 2.1 m 的洞口；外墙在内外墙交接处已设置构造柱时允许适当放宽，但洞侧墙体应加强。

② 外廊式和单面走廊式的房屋，应根据房屋增加一层的层数，按表 2－9 的要求设置构造柱，且单面走廊两侧的纵墙均应按外墙处理。

③ 横墙较少的房屋，应根据房屋增加一层的层数，按表 2－9 的要求设置构造柱。当横墙较少的房屋为外廊式或单面走廊式时，应按第②条要求设置构造柱；但 6 度不超过四层、7 度不超过三层和 8 度不超过二层时，应按增加二层的层数对待。

④ 各层横墙很少的房屋，应按增加二层的层数设置构造柱。

⑤ 采用蒸压灰砂普通砖和蒸压粉煤灰普通砖的砌体房屋，当砌体的抗剪强度仅达到普通黏土砖砌体的 70%时（普通砂浆砌筑），应根据增加一层的层数按本条 1～4 款要求设置构造柱；但 6 度不超过四层、7 度不超过三层和 8 度不超过二层时，应按增加二层的层数对待。

⑥ 有错层的多层房屋，在错层部位应设置墙，其与其他墙交接处应设置构造柱；在错层部位的错层楼板位置应设置现浇钢筋混凝土圈梁；当房屋层数不低于四层时，底部 1/4 楼层处错层部位墙中部的构造柱间距不宜大于 2 m。

(2) 构造柱构造要求

构造柱的最小截面可为 180 mm×240 mm（墙厚 190 mm 时为 180 mm×190 mm）；构造柱纵向钢筋宜采用 4ϕ12，箍筋直径可采用 6 mm，间距不宜大于 250 mm，且在柱上、下端适当加密；当 6、7 度超过六层、8 度超过五层和 9 度时，构造柱纵向钢筋宜采用 4ϕ14，箍筋间距不应大于 200 mm；房屋四角的构造柱应适当加大截面及配筋。

构造柱与墙连接处应砌成马牙槎，沿墙高每隔 500 mm 设 2ϕ6 水平钢筋和 ϕ4 分布短筋平面内点焊组成的拉结网片或 ϕ4 点焊钢筋网片，每边伸入墙内不宜小于 1m。6、7 度时，底部 1/3 楼层，8 度时底部 1/2 楼层，9 度时全部楼层，上述拉结钢筋网片应沿墙体水平通长设置。

构造柱立面配筋图如图 2 - 48 所示。

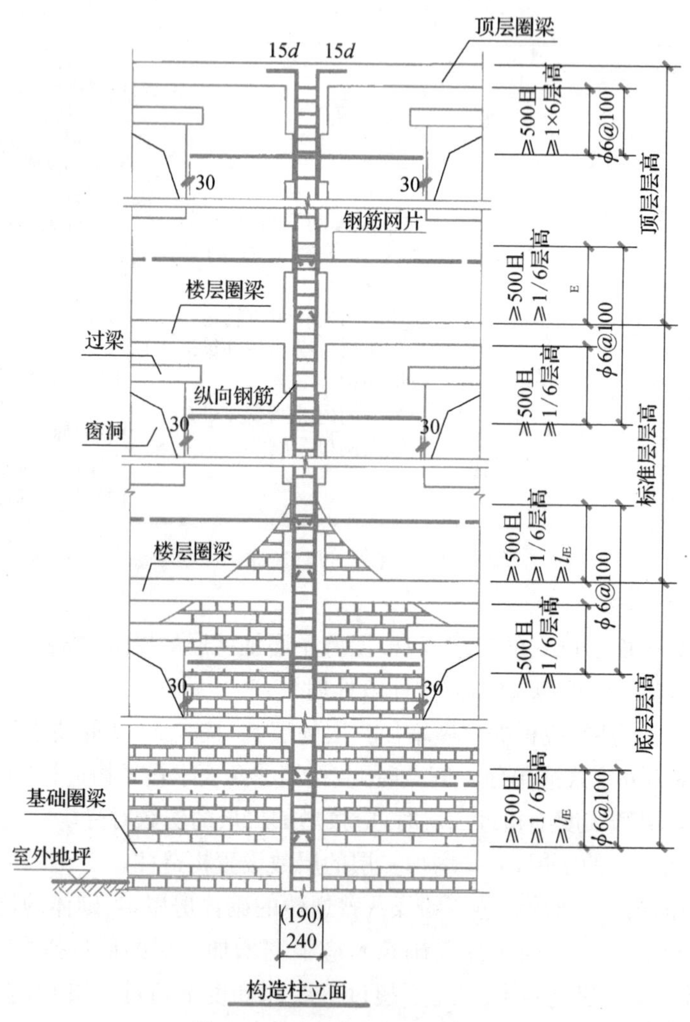

图 2 - 48　构造柱立面配筋图

构造柱与圈梁连接处，构造柱的纵筋应在圈梁纵筋内侧穿过，保证构造柱纵筋上下贯通；构造柱可不单独设置基础，但应伸入室外地面下 500 mm，或与埋深小于 500 mm 的基础圈梁相连。

房屋高度和层数接近表 2 - 9 的限值时，纵、横墙内构造柱间距尚应符合下列规定：

① 横墙内的构造柱间距不宜大于层高的 2 倍；下部 1/3 楼层的构造柱间距适当减小。

② 当外纵墙开间大于 3.9 m 时，应另设加强措施。内纵墙的构造柱间距不宜大于 4.2 m。

3. 构造柱、圈梁施工要点

(1) 构造柱施工要点

构造柱施工是按楼层逐层进行的，其施工工艺为：构造柱钢筋骨架预先绑扎→测量放线定轴线位置→构造柱钢筋骨架支立→砖墙砌筑→构造柱钢筋找正、清理→模板支设→混凝土浇筑→拆模养护混凝土。构造柱的施工与普通钢筋混凝土柱施工不同，它必须同时满足砌体工程和混凝土工程的施工工艺和质量标准，施工工艺相互制约、相互影响，如果处理不当，将影响工程质量。

① 钢筋绑扎工艺

工艺流程：预制构造柱钢筋骨架→修整底层伸出的构造柱搭接筋→安装构造柱钢筋骨架→绑扎搭接部位箍筋。

a. 预制构造柱钢筋骨架

先将两根竖向受力钢筋平放在绑扎架上，并在钢筋上画出箍筋间距。

根据画线位置，将箍筋套在受力筋上逐个绑扎，要预留出搭接部位的长度。为防止骨架变形，宜采用反十字扣或套扣绑扎。箍筋应与受力钢筋保持垂直；箍筋弯钩叠合处，应沿受力钢筋方向错开放置。

再穿另外2根受力钢筋，并与箍筋绑扎牢固，箍筋端头平直长度不小于10 d(d 为箍筋直径)，弯钩角度不小于135°。

在柱顶、柱脚与圈梁钢筋交接的部位，应按设计要求加密构造柱的箍筋，加密范围一般在圈梁上、下均不应小于1/6层高或45 cm，箍筋间距不宜大于10 cm(柱脚加密区箍筋待柱骨架立起搭接后再绑扎)。

b. 修整底层伸出的构造柱搭接筋

根据已放好的构造柱位置线，检查搭接筋位置及搭接长度是否符合设计和规范的要求。符合要求后，在搭接筋上套上搭接部位的箍筋。

c. 安装构造柱钢筋骨架

搭接处钢筋套上箍筋后将预绑好的构造柱钢筋骨架立起来，对正伸出的搭接筋，搭接倍数不低于35 d(d 为构造柱钢筋直径)，对好标高线，在竖筋搭接部位各绑3个扣。骨架调整后，绑扎根部加密区箍筋，完成构造柱钢筋骨架的就位工作。

② 墙体马牙槎砌筑

为了使构造柱发挥抗震作用，构造柱与砌体连接处应砌成马牙槎，马牙槎高度一般为300 mm。砌筑马牙槎时应先退后进，以保证构造柱柱脚为大断面。砌筑马牙槎时，槎边进退要对称，尺寸要统一，并沿墙高按照前述构造要求设置拉结筋。

③ 构造柱模板

砖混结构的构造柱模板，可采用木模板或定型组合钢模板。为防止浇筑混凝土时模板鼓胀，可用穿墙螺栓对拉紧固模板，穿过砖墙的洞口要预留，预留孔洞位置要求距地面30 cm开始，每1 m以内留一道，洞的平面位置在马牙槎以外一丁头砖处。图2-49所示为转角墙和丁字墙处构造柱的支模方案。

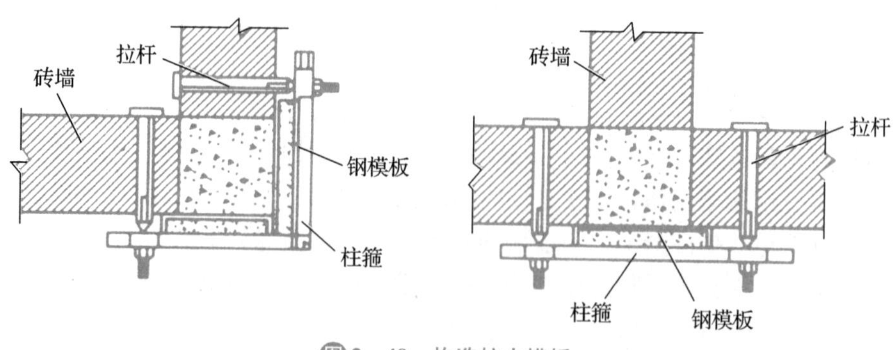

图2－49 构造柱支模板

④ 构造柱混凝土浇筑

浇筑混凝土前应先注入 20～30 mm 厚同强度等级混凝土，但不加粗骨料的水泥砂浆，再浇筑混凝土，避免构造柱接头出现露筋等现象。

构造柱混凝土应用机械振捣以保证密实度。如果构造柱在砌体完成后不能及时浇筑，应在继续浇筑构造柱时视墙体失水情况，对墙体进行浇水湿润，否则会影响混凝土的水化反应，并使构造柱干缩，以至于构造柱混凝土不能与砌体紧密结合。

（2）圈梁施工要点

① 圈梁模板

圈梁模板可采用木模板或定型组合钢模，模板上口应弹线找平。

圈梁模板的支撑可采用落地支撑，下面应垫方木。当用木方支撑时，下面用木楔楔紧；用钢管支撑时，高度应调整合适。

钢筋绑扎完后，模板上口宽度应进行校正，并用木撑进行校正定位，用铁钉临时固定。如采用组合钢模板，可用卡具卡牢，保证圈梁的尺寸。

砖混结构的圈梁也可采用悬空支撑。扁担穿墙平面位置距墙两端 240 mm 开始留洞，中间每隔 500 mm 左右留一道，每面墙不宜少于 5 个洞。

② 圈梁钢筋的绑扎

由于在圈梁设计位置绑扎钢筋不方便施工，一般将圈梁钢筋在地面先绑扎成钢筋骨架，然后通过塔吊吊入圈梁模板内，在地面绑扎圈梁钢筋骨架的工艺流程是：画钢筋位置线→放箍筋→穿圈梁受力筋→绑扎箍筋。

a. 支完圈梁模板并做完预检，即可将骨架按编号吊装就位进行组装，组装接头处箍筋按设计间距穿放并绑扎牢固。

b. 圈梁钢筋在构造柱部位搭接时，其搭接长度或锚入柱内长度应符合设计要求。

c. 圈梁钢筋绑扎完后应加垫水泥砂浆垫块或塑料卡，以控制受力钢筋的保护层。

③ 圈梁混凝土浇筑

a. 浇筑程序

对于现浇楼面，圈梁一般与楼面同时浇筑。对于预制楼面，常规支模时应先浇圈梁混凝土，待其强度达到设计要求后再安装预制楼面板，最后浇筑板端接缝混凝土；对于硬架支模，则在预制楼面板安装就位后，一次完成圈梁及板端接缝的混凝土浇筑。

b. 浇筑注意事项

浇筑混凝土前，对模板支设进行检查，对混凝土的配合比、坍落度进行监控。

浇筑混凝土之前，应对木模以及砖墙提早浇水并充分润湿。

圈梁振捣一般采用插入式振动器，振捣棒与混凝土面应成斜角。

混凝土浇筑时，应注意保护钢筋位置以及外砖墙、外墙板的防水构造。专人检查模板、钢筋是否变形、移位，螺栓、拉杆是否松动脱落，发现漏浆要及时指派专人检修。

圈梁每浇筑完一段应随即用木抹子压实、抹平，表面不得有松散的混凝土。

混凝土浇筑后必须在12 h内进行养护，使混凝土表面处于湿润状态。养护由专人负责.养护时间不得少于7 d。

2.5.4 砖墙局部构造施工

1. 门窗洞口留置

门窗应采用预留洞口法，当为空心砖（或砌块）砌体时，为了使固定门窗框的连接件与墙体能可靠连接，应预埋实心砖或砼块，无附框的门窗框或门窗的附框宜在室内外粉刷的找平、刮糙等湿作业完工且硬化后进行，当需要在湿作业前安装时，应采取保护措施。

当墙砌到窗洞底标高时，须按尺寸留置窗洞，然后再砌窗洞间的窗间墙。窗台的做法，如为预制钢筋混凝土窗台板时，可抹水泥砂浆后铺设。

2. 窗台构造做法

出砖檐的砌法是在窗台标高下一层砖，根据分口先把两边的砖砌过分口线60 mm，挑出墙面60 mm，砌时把线挂在两头挑出的砖角上。砌出檐砖时，立缝要打碰头灰。出檐砖砌法由于上部是空口，容易使砖碰掉，成品保护比较困难，因此，可以采取只砌窗间墙下压住的挑砖，空口处的砖可以等到抹灰前砌筑。

出虎头砖的砌法是在窗台标高下两层砖就要根据分口线将两头的陡砖（侧砖）砌过分口线100～120 mm，并向外留20 mm的泛水，挑出墙面60 mm，窗口两头的陡砖砌好后，在砖上挂线，中间的陡砖以一块丁砖的位置放两块陡砖砌筑，操作方法是把灰打在砖中间，四边留10 mm左右，一块挤一块地砌，灰浆要饱满。虎头砖的砌法一般适用于清水墙，要注意选砖，竖缝要披足嵌严。

砌体工程的顶层和底层应在窗台标高处，设置通长现浇钢筋混凝土窗台梁，高度不宜小于120 mm，纵向配筋不少于4ϕ10，箍筋ϕ6@200；其他层在窗台标高处，可不设置通长现浇钢筋混凝土窗台梁，而设置独立窗台梁，其高度不小于60 mm，混凝土强度等级不应小于C20，其内可配3ϕ8纵向配筋，且应有1%向外坡度。

3. 窗间墙的砌筑

窗台砌完后，拉通准线砌窗间墙。窗间墙部分一般都是一人独立操作，操作时要求跟通线进行，并要与相邻操作者经常通气。砌第一皮砖时要防止窗口砌成“阴阳膀”（窗口两边不一致，窗间墙两端用砖不一致），往上砌时，位于皮数杆处的操作者，要经常提醒其他操作人员皮数杆上标志的预留、预埋等要求。

4. 过梁构造做法

(1) 砖砌过梁

砖砌过梁主要用于清水墙砌体，有砖平拱和砖弧拱过梁两种形式。

① 砖平拱过梁

当门窗洞口上部跨度小、荷载轻时，可以采用砖平拱过梁，又称平碹。砖砌平拱一般适用于 1 m 左右的门窗洞口，不得超过 1.8 m；平拱的厚度与墙厚一致，高度为一砖或者一砖半，随其组砌方法的不同而分为立砖碹、斜形碹和插入碹。

砖平拱应用不低于 MU10 级的砖和 M5 级以上的砂浆砌筑。砌筑时，拱脚两边的墙端砌成 1∶4～1∶5 斜度的斜面，拱脚处退进 20～30 mm，拱底处支设模板，模板中部应起拱 1%。在模板上画出砖及灰缝的位置及宽度，务必使砖块为单数。采用满刀灰法，从两边对称向中间砌，每块砖要对准模板上的划线，正中一块应挤紧，竖向灰缝上宽下窄成楔形，在拱底灰缝宽度应不小于 5 mm，在拱顶灰缝宽度应不大于 15 mm。

砖砌平拱过梁的两端没有坡度，砌墙至拱脚时，退出20～30 mm 的错台，在拱底处支设模板，模板中部应有 1%的起拱(图 2-50)。砖的块数必须为单数，并在模板上画出砖和灰缝的位置和宽度，砌时挂线，从两边对称向中间挤砌，每块砖要对准模板上的画线，中间的最后一块砖应两面抹灰，向下挤放。

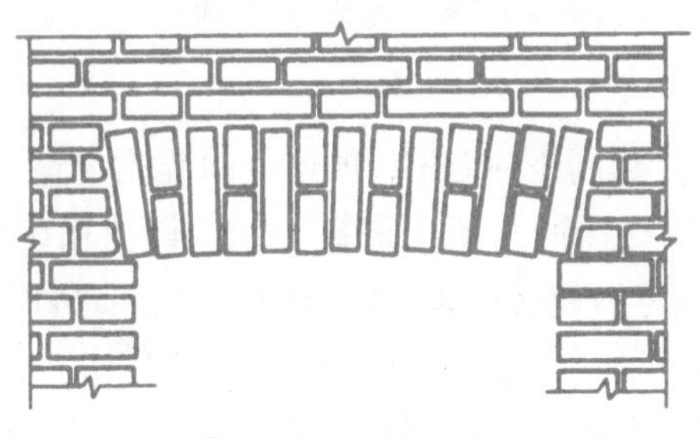

图2-50　砖砌平拱

② 砖弧拱过梁

砖弧拱外形呈圆弧形，构造要求与平拱相同，砖弧拱砌筑时，模板应按设计要求做成圆弧形。砌筑时应从两边对称向中间砌。灰缝呈放射状，上宽下窄，拱底灰缝宽度不宜小于 5 mm，拱顶灰缝宽度不宜大于 25 mm。也可用加工好的楔形砖来砌，此时灰缝宽度应上下一样，控制在 8～10 mm。

砖平拱和砖弧拱底部的模板，应待灰缝砂浆达到设计强度的 50%以上时，方可拆除。

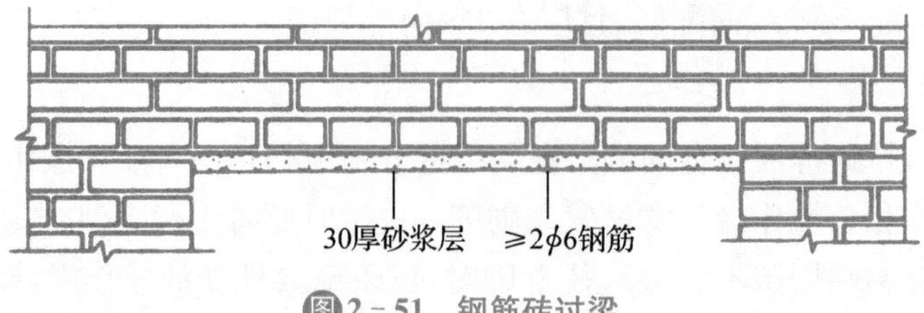

图2-51　钢筋砖过梁

（2）钢筋砖过梁

平砌式钢筋砖过梁一般用于1～2 m宽的门窗洞口，在7度以上的抗震设防地区不适宜采用，具体要求由设计规定，并要求过梁上面没有集中荷载，它的一般做法是：当砖砌到门窗洞口平口时，搭放支撑胎膜，中间起拱1%，洒水湿润，上铺30 mm厚的1∶3水泥砂浆层，把钢筋埋入砂浆中，钢筋两端完成直角弯钩向上伸入墙内不小于240 mm，并置于灰缝内，钢筋直径应由计算确定。水平间距应不大于120 mm，一般不宜少于2ϕ6钢筋。在过梁范围内，砌筑形式宜用一顺一丁或梅花丁，砖的强度等级不低于M10，砂浆的强度等级不低于M5，过梁段的砂浆至少比墙体的砂浆高一个强度等级，或者按设计要求。砖过梁的砌筑高度应该是跨度的1/4，但至少不得小于7皮砖。砌第一皮砖时应该砌丁砖，并且两端的第一块砖应紧贴钢筋弯钩，使钢筋达到勾牢的效果，每砌完一皮砖应用稀砂浆灌缝，使砂浆密实饱满。当砂浆强度达到设计强度50%以上时，方可拆除过梁底模。

（3）钢筋混凝土过梁

钢筋混凝土过梁有预制和现浇两种，当门窗洞口的侧面有砼柱时一般采用现浇做法，当两侧均无砼柱时两种做法均可，但从砌筑方便来论预制做法更受砌筑工人欢迎，即先在地面将过梁预制好，然后用塔吊吊放到墙体上。有时当圈梁底部标高与门窗洞口顶部标高相当(不超过300 mm)时，可把圈梁局部(洞口＋250 mm×2)加高，即圈梁与过梁连成一体，称之为圈梁兼过梁。

安装钢筋混凝土过梁前，先量门窗洞口的高度是否准确；放置过梁时，在支座墙上要垫1∶3水泥砂浆，再把过梁安放平稳，要求过梁两头的高度一样，可以用水平尺进行校正，梁底标高至少应比门窗口边框高出5 mm，过梁的两侧要与墙面平。

对于清水墙，为了美观，往往采用L形过梁，即过梁下部有一出檐，用半砖嵌贴在挑檐的上部，把梁遮住，由于该挑檐往往宽度不足60 mm，砖不易放牢，此时可在门窗口处临时支50 mm×50 mm方木，支承一下砖，砌完后拆掉，砌第一皮砖时应用丁砖，每砌完一皮砖，应用细砂浆灌缝，做到灰浆饱满密实。

5. 砖挑檐、砖腰线、女儿墙等构造的砌筑

（1）砖挑檐砌筑

挑檐是在山墙前后溜口处外挑的砖砌体。砖挑檐有一皮一挑、二皮一挑和二皮与一皮间隔挑等形式。

砖挑檐可用普通砖、灰砂砖、粉煤灰砖等。多孔砖及空心砖不得砌挑檐。砖的规格宜采用240 mm×115 mm×53 mm的标准砖，砂浆强度等级应不低于M5。挑出宽度每次应不大于60 mm，总的挑出宽度应小于墙厚。

砖挑檐砌筑时，应选用边角整齐、规格一致的整砖。先砌挑檐两头，然后在挑檐外侧每一挑层底角处拉准线，依线逐层砌中间部分。每皮砖要先砌里侧后砌外侧，上皮砖要压住下皮挑出砖，才能砌上皮挑出砖。水平灰缝宜使挑檐外侧稍厚，里侧稍薄。灰缝宽度控制在8～10 mm范围内。竖向灰缝砂浆应饱满，灰缝宽度控制在10 mm左右。

(2) 砖腰线砌筑

建筑物构造上的需要或为了增加其外形美观，沿房屋外墙面的水平方向用砖挑出各种装饰线条，这种水平线条叫作腰线。砌法基本与挑檐相同，只是一般多用丁砖逐皮挑出，每皮挑出一般为 1/4 砖长，最多不得超过 1/3 砖长。也有用砖角斜砌挑出，组成连续的三角状砖牙；还有的用立砖与丁砖组合挑砌花饰等。

(3) 女儿墙

女儿墙位于建筑物顶部，主要起维护安全作用，在施工中往往被看作简单的附属围护结构，忽视砌筑质量。女儿墙属悬臂结构，且暴露在室外，冬季易受冰冻，夏季太阳暴晒，当砌体强度达不到设计要求时，在外界温度影响下极易产生裂缝，雨水浸入，引起渗漏，影响房屋使用功能，而且维修比较麻烦，因此是建筑工程中较为突出的质量通病之一。

在工程设计中，对女儿墙高度超过规范限值时，应增设钢筋混凝土构造柱，根部与圈梁连接，顶部与压顶连接。构造柱间距视女儿墙高度情况掌握，一般宜控制在 2 m 左右。

砌筑女儿墙除了重视砌筑质量外，还应注意当女儿墙上有防水层压砖收头时的构造处理。

6. 水平系梁构造做法

当层高过高时，设计图纸中有时会在上下二层楼层之间的墙体中间部位加设一道砼梁，称之为墙梁，其做法类似于圈梁，其不同于圈梁就在于不一定“交圈”，施工方法与圈梁相同。

7. 临时洞口留置

临时洞口一般不像圈梁、构造柱在图纸上有明确规定要求，而是施工单位在装饰施工阶段为了楼层运输的方便在砌体墙上留置临时施工洞口，一般应设置在横墙上其侧边离纵横墙交接处不应小于 500 mm，洞口净宽度不应超过 1 m，顶部设预制钢筋砼过梁。抗震设防烈度为 9 度地区建筑物的临时施工洞口位置，应会同设计单位确定。

8. 脚手眼留置与补砌

当施工采用单排脚手架时，横向水平杆(小横杆)的一端要插入砖墙，故在砌墙时，必须预先留出脚手眼。脚手眼一般从 1.5 m 高处开始预留，水平间距为 1 m，孔眼的尺寸对于钢管单排脚手眼，可留一丁砖的大小。

对于双排脚手架，虽然其横向水平杆不需要插入墙体，但其连墙件必须穿过墙体，因此也需要留脚手眼。

补砌施工脚手眼时灰缝应饱满密实，不得用干砖填塞。

9. 留槎和接槎

砌体结构施工缝一般留在构造柱处。砖墙的接槎与房屋整体性有关，应尽量减少或避免。砖墙的转角处和纵横墙交接处应同时砌筑，不能同时砌筑处，应砌成斜槎(踏步槎)，斜槎长度不应小于墙高的 2/3，如图 2-52 所示。如留斜槎确有困难时，除转角处外，可做成直槎，但必须做成凸槎，并加设拉结钢筋。拉结筋数量为每 120 mm 墙厚放置 1ϕ

6mm 的钢筋;其间距沿墙高不应超过 500 mm,埋入长度从墙的留槎处算起,每边均不应小于 500 mm;抗震设防烈度为 8 度的地区,不应小于 1 000 mm。拉结钢筋末端尚应弯成 90°弯钩。抗震设防地区建筑物的临时间断处不得留直槎。

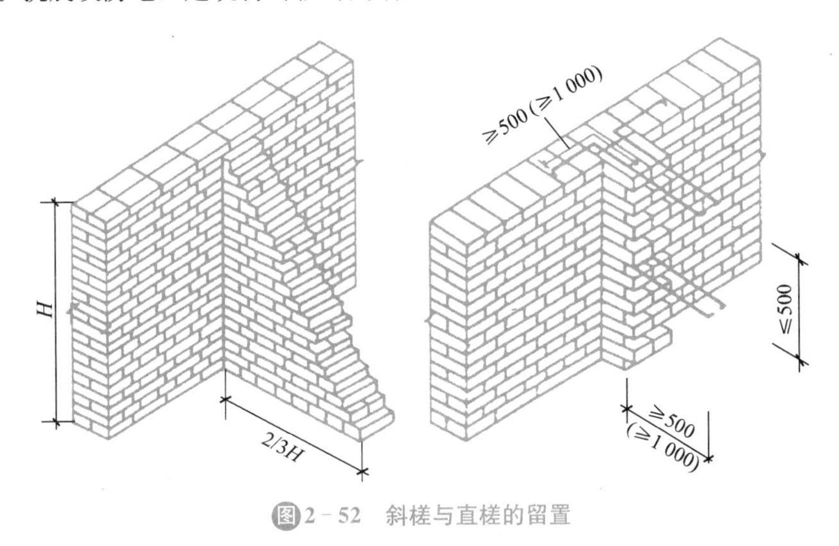

图 2 - 52　斜槎与直槎的留置

隔墙与承重墙不能同时砌筑,又不能留成斜槎时,可于承重墙中引出凸槎,并与承重墙的灰缝中预埋拉结筋,每道墙不得少于 2ϕ6,其构造与上述直槎相同。在完成接槎处的砌筑时,必须将接槎处的表面清理干净,浇水湿润,并应填实砂浆,保持灰缝平直。

2.6　施工过程控制

【学习目标】

(1) 了解进度控制和成本控制的主要内容。

(2) 熟悉质量控制和安全控制的控制要点。

【关键概念】

进度控制、质量控制、安全控制、成本控制

2.6.1　施工进度控制

施工进度应按照施工进度总网络计划实施进度控制,内容如下:

(1) 编制下达月、周施工计划,定期进行检查考核。

(2) 深入施工现场,掌握施工动态和动向。

(3) 召集工程例会,及时调度各种施工资源,协调平行交叉作业中的各种问题。

(4) 争取业主、监理单位和当地政府主管部门的密切配合,创造良好的外部施工条件。

(5) 根据施工条件和进度变化情况,及时调整网络计划,抓好关键工序。

(6) 对非施工原因造成的工期延误,及时做好变更签证工作。

2.6.2 施工质量控制

要明确工程项目的质量目标，实现对业主的质量承诺，严格按照合同条款要求及现行规范标准组织施工，一般可以设置高于规范要求的质量目标，特别是砌体的允许偏差项目、观感项目可以提出更高要求。

1. 组织机构

(1) 项目经理部设立工程质量检查站，质量检查站受项目经理、技术负责人的领导，并在公司质量处的指导下，完成工程项目的质量检查管理工作。

(2) 项目经理部度量检查站站长由项目经理聘任，并须报经公司质量处认可后上岗。

(3) 项目经理部度量检查员必须持证上岗，并保持相对稳定。

2. 质量职责

(1) 项目经理是工程质量第一责任人，组织贯彻落实公司的质量方针，组织制订项目质量计划，确保质量保证体系在项目中的有效运行。

(2) 技术负责人对项目经理负责，主管项目经理部的质量管理工作，负责制订项目质量计划，并组织编制施工组织设计、施工作业设计，大力推广新工艺、新技术，进行质量改进，提高工程质量。

(3) 质量检查站站长在项目经理部和公司质量处的领导下，负责施工准备阶段的质量管理和施工全过程的质量检查与评定、核定工作的监督管理。

(4) 质量检查员按设计图纸、施工规范、规程做好过程质量检查，并按国家，行业检验评定标准做好分项、分部工程质量核定工作。

3. 质量管理活动

(1) 施工准备阶段的质量管理

项目经理部应在开工前组建工程质量检查站，督促专业项目部配备专检员并为其配备必要的资源。

项目经理部应制订出本项目的“项目质量计划”，明确关键工序、特殊工序并做好相应的技术准备工作，明确质量目标，明确所使用的规范、标准和规程，划分工程项目，制订检验和试验计划。

项目经理部应根据工程的实际情况建立相应的质量工作制度和工程质量奖惩办法。

(2) 过程质量检查

工程(产品)质量检查必须严格执行三检制，即自检、专检和交接检，质量检查员在自检的基础上进行专检。项目经理部和专业项目部应随时检查原材料、半成品的标识及检验状态标识。

项目经理部和专业项目部应对业主提供的半成品或工程进行验证、验收，对关键工序、特殊工序施工质量进行跟踪检查并做好台账。

基槽施工完毕后，单位工程施工负责人必须填写“地基验槽记录”，并及时约请业主代表、监理人员、设计或勘察单位进行验槽，签认后方可进行基础施工。

混凝土浇灌前，浇灌单位必须接到“混凝土浇灌通知单”方可进行浇灌。500 m^3以下的混凝土经专检员检查合格后，由专业项目部技术负责人签发“混凝土浇灌通知单”，大体积混凝土或连续浇灌 500 m^3以上的混凝土工程经检查合格后，项目经理部技术负责人签发“混凝土浇灌通知单”。

隐蔽工程在隐蔽施工前，应由单位工程施工负责人认真填写“隐蔽工程验收记录”，并及时约请业主代表、监理人员进行检查、验收并签署检查意见，认可后方能进行隐蔽。

各专业工序之间必须办理中间交接手续，接收单位应对上工序的工程质量进行复查并确认，交接手续完成后，接收单位应对上工序成品予以保护。交接中发现工序失控，项目经理部应下达整改通知单。

各种管道、机械设备、电气设备安装工程，以及工业窑炉工程必须按规定进行检验和签证。

施工过程中，专业项目部技术负责人应按月对工程技术资料的收集、整理进行检查，如原材料的材质和复检报告是否齐全，保证工程技术资料与工程进度同步。

(3) 工程质量评定与核定

分项工程完成后，单位工程施工负责人应及时组织分项工程质量评定，并填写“分项工程质量评定表”，专检员根据专检情况及分项工程质量保证资料核查情况进行质量等级核定。

分部工程所包含的分项工程核定完毕后，专业项目部技术负责人应及时组织对分部工程技术资料的审核，并填写“分部工程质量评定表”。专检员根据分项工程质量和工程技术资料进行质量等级核定。其中，地基与基础分部、主体分部核定完毕后，项目经理负责人约请质监部门进行验收，并签署“地基与基础工程验收记录”“主体工程结构验收记录”。

单位工程竣工后，项目经理部技术负责人组织有关人员进行单位工程质量等级评定。质量保证资料核查表由项目经理部负责核查填写；单位工程观感质量评定表由项目经理部质量检查站组织有关人员填写；单位工程的综合评定工作由项目经理部技术负责人组织进行。

(4) 工程创优管理

项目经理部根据公司质量计划创优目标要求，在项目经理和技术负责人的组织下，制订创优计划并以文件形式发各专业项目部，同时报公司质量处。

项目经理部技术负责人应根据工程进展情况，组织对工程的中间检查和资料审核，按照划定的分部、分项工程，严格实行质量预控，确保关键的分部、分项工程质量达到优良标准。

项目经理部应在施工过程中收集申报优质工程所需的文字、图片和音像资料。

(5) 对不合格品的处置

工程项目出现不合格品后，专业项目部应及时进行评审、处置、验证，制订纠正预防措施，并做好质量记录。对出现的工程质量事故必须及时上报公司质量处，同时做好工程质量事故的调查分析，制订事故处理方案。重大质量事故须在 24 h 内报送公司质量处。

(6) 质量抽查

项目经理部每月应制订检查工作计划，对专业项目部工程质量情况、质量管理活动情况进行抽查。

(7) 质量检查总结

项目经理部每月应对检查工作进行总结，并于每月 25 日前报送公司质量处。

2.6.3 施工安全控制

进行施工安全控制，是为了科学合理地组织安全文明施工生产，最大限度地预防各类伤亡事故的发生，保障职工在施工生产过程中的安全与健康，不断提高项目经理部安全文明施工生产的管理水平。

1. 安全生产责任制

工程建设必须贯彻“安全第一、预防为主”的方针，坚持“管生产必须管安全”和“谁主管、谁负责”的原则。在工程项目上建立健全以项目经理为核心的分级负责的安全生产责任制，完善项目安全管理组织保证体系，使安全生产管理工作始终贯穿于施工生产的全过程，在计划、布置、检查、总结、评比施工生产的同时，计划、检查、总结、评比安全生产工作，努力改善劳动作业条件，消除各类事故隐患，实现安全生产。

项目经理是受法人委托的工程项目负责人，当然也是工程安全生产的第一责任人，对工程安全生产管理工作负有全面责任，应认真贯彻落实安全生产的政策、法规，遵守行业安全管理规定，为职工办理工伤意外伤害保险，自觉接受上级主管部门的监督检查，组织领导项目经理部安全管理机构正常开展各项日常管理工作，主持召开安全专题会议，开展安全检查，增加安全措施的经费投入，消除事故隐患，带头遵章守纪，不违章指挥。

技术负责人对工程安全技术工作负责，应针对工程特点对施工现场的安全状况进行综合分析，积极推广应用新技术、新工艺、新材料、新设备，在负责审批或组织编制施工组织设计和作业设计时，应对施工中可知或可能出现危险因素的单位工程、关键工序责成施工单位补充或单独编制相应的安全技术对策措施方案。

工长、施工员对所辖工程的安全生产负直接责任，负责对职工进行安全技术教育(含配合施工人员)、安全技术交底，对施工区域内的安全设施、设备进行检查、验收，加强巡视，发现隐患立即整改，制止违章作业，不违章指挥。

班、组长应严格遵守企业安全生产的各项规章制度，负责领导本班人员安全作业，认真执行各工种操作规程，有权拒绝违章指挥，认真履行“班前教育”制度，做好班前活动记录，经常互检，纠正违章，发现隐患及时上报、落实整改。

职工个人应遵章守纪，不违章冒险作业，积极参加安全活动，正确使用劳动保护用品。

项目经理部其他各职能部门，都应在各自的业务范围内给予安全生产工作全力配合，对因工作失误或延误事故隐患整改而造成的人身、设备、财产等安全事故负责。

工程安全监督检查站是在项目经理直接领导下的安全专职管理机构，负责工程安全文明施工生产的组织、策划和项目经理部的日常安全管理工作，有权对施工生产全过程实施安全监控，并对工程安全文明施工的最终效果负有直接管理责任。

2. 落实安全生产责任制的几项具体措施

健全和完善安全生产组织保证体系，是实现安全生产的组织保证。因此，项目经理部必须建立以项目经理为组长，各有关职能部门负责人、各专业项目部经理为组员的工程安全生产领导小组，负责工程安全生产的重大决策，同时还应建立以项目经理部专职安全管理人员为站长、各专业项目部专（兼）职安全员为成员的工程安全监督检查站，负责工程安全文明施工生产的日常监督、检查、考核、奖惩等管理工作，以确保工程建设按照项目经理部制订的创优目标有条不紊地进行。上述机构的成立及人员构成情况必须以文件形式打印下发，同时报送公司安全处备案。

安全领导小组每月应召开一次安全专题会议，定期研究、部署，协调处理施工中的重大安全问题，决议须形成纪要下发，使安全工作有计划、有布置、有检查、有落实，真正做到常抓不懈。

安全领导小组每月还应至少组织一次安全生产大检查，督促指导施工单位认真做好安全文明施工达标工作，不断改善现场施工作业条件，真正做到防患于未然。

安全监督检查站每周应召开一次安全例会，总结一周安全情况，分析工程安全形势，研究部署对策防范措施，提出下周工作重点要求，使管理工作做到日清、周结，得到全面开展。

安全监督站执法人员应统一着装、集中办公，充分发挥监督成网和规模执法的优势，根据施工现场危险源的分布情况，采取重点部位分兵把守和巡回检查相结合的模式，既要保住重点，又要辐射整个现场，力争做到以点保面、以面促点、以静制动、动静结合、疏而不漏的安全保证监督网，从而使现场的施工活动始终在受控状态下有条不紊地进行。

安全监督站应按照公司安全基础业务归档立卷的有关规定，分类建立相应的管理台账，并于每月 25 日向公司安全处填报“月工作情况反馈表”“月含量工资安全指标考核表”“伤亡事故月报表”等相关资料。

3. 安全目标管理

安全目标管理是贯彻落实安全生产责任制量化考核指标和利用经济手段实现安全生产的重要保证。主要包括以下内容：

(1) 安全管理、安全设施达标。

(2) 文明施工创优。

(3) 伤亡事故指标控制。

项目经理部可根据公司年度安全工作计划下达的考核指标，结合工程规模、施工难易程度、工期、安全、环境、文明施工等实际情况，将上述三项指标进行量化分解，并以责任承包合同形式层层落实到人，定期考核，对实现目标管理的责任单位和个人进行表彰奖励，对未实现目标管理的责任单位和个人给予通报批评，实施处罚，具体奖励办法可由项目经理自定。

4. 施工组织设计

贯彻“安全第一、预防为主”的方针，在编制单位工程施工组织设计时应根据工程的施工方案、劳动组织、作业环境等因素考虑保障安全文明施工的技术措施，制订相应的安全技术措施方案。

对专业性较强、危险性较大的工程项目，如脚手架工程、施工用电、基坑支护、模板工程、起重吊装作业、塔吊、物料提升机及其他垂直运输设备，以及爆破、水下、拆除、人工挖孔桩等，都必须编制专项安全技术措施方案，并按要求如实填写公司工程安全技术措施作业方案表。

安全技术措施方案始终贯穿于施工生产的各个阶段，应力争做到全面、细致、具体，要结合工程对象具有针对性、物质性和可操作性的特点。只有把多种不利因素和不利条件充分估计到，才能真正起到预防事故的作用。

施工组织设计(施工方案)一经审批生效后，在施工过程中不得随意更改，若遇特殊情况(工序改变、工程发生变化)确需更改的，必须报经审批人重新签字批准。

5. 分部(分项)工程安全技术交底

工程安全技术交底是教育提高有关作业人员的安全生产素质和掌握安全技术方法的一种必要手段，是增强作业人员在危险作业环境中进行自我防护技能的基本保障，因此，必须认真落实到位。

安全技术交底应针对工程特点、环境、危险程度，预计可能出现的危险因素，告知被交底人掌握正确的操作工艺，采取防止事故发生的有关措施要领等。

安全技术交底应全面，对安全保护设施搭设，要有明确的技术质量标准和明确的几何尺寸要求。

安全技术措施交底，应使用公司统一印制的“安全技术措施交底表”，按规定交底双方都必须签字，否则，视为无效交底。

6. 安全检查

安全检查是及时发现并消除各类违章冒险作业和事故隐患的重要途径，因此，安全检查必须制度化，安全领导小组负责月查，安全监督站负责周查，工段、班组负责日查。在检查中要做到:查有记录、改有专人、综合评价、资料归档。

7. 安全教育

安全教育是实现安全生产的一项重要基础工作。只有长期坚持对职工进行遵章守纪和“三不伤害”教育，才能提高职工的安全生产技术素质，增强自我保护意识，使安全规章制度得到贯彻执行。根据《建筑法》第四十六条规定，未经安全生产教育培训的人员，不得上岗作业。因此，对新进场的人员(含合同工、临时工、学徒工、实习生或代培人员)必须进行三级安全教育。对变换工种人员也应重新进行本工种安全技术操作规程的学习教育，对于教育人数及内容，各单位应填写公司统一印制的职工安全教育登记卡登记备查。

8. 班前安全活动

班前安全活动是督促作业人员遵章守纪的重要关口，是消除违章冒险作业的关键，因此必须长期坚持执行。班组长应根据每天作业任务的内容、作业环境和工作特点，向作业人员交代安全注意事项，班前活动应填写公司统一印制的“安全活动记录本”并履行签字手续。

9. 特种作业人员持证上岗

凡从事对操作者本人，尤其对他人和周围环境安全有重大危害因素的作业，如建筑工地的电工、焊工、架子工、司炉工、爆破工、机械运转工、起重工、打桩机和各种机动车辆的司机等均属特种作业。从事上述作业的人员称特种作业人员。特种作业人员必须经专业的安全技术培训合格后，方能持证上岗作业。施工现场的特种作业人员都必须由用人单位登记建档，报项目经理部安全监督检查站备案。

10. 工伤事故处理

工伤事故是指职工在施工生产过程中不慎发生的人身伤害、急性中毒等事故。

(1) 事故分类

工伤事故按严重程度，一般可分为轻伤事故、重伤事故、死亡事故、重大死亡事故四类。

(2) 事故报告

施工现场无论发生大小工伤事故，事故单位都必须在 15 min 内口头或电话报告项目经理部安全监督检查站；安全监督检查站对重伤以上事故应立即组织抢救和保护好事故现场，同时须在 12 h 内将事故发生的时间、地点、人员伤亡情况及简要经过电话报告公司总调度室和安全处，并于当月 25 日前按规定要求如实填写“伤亡事故月报表”向公司安全处书面报告。

(3) 事故调查

轻伤事故由事故单位组成事故调查组对事故进行调查。

重伤事故由项目经理部安全监督检查站和二级公司安全主管部门共同组成事故调查组对事故进行调查。

死亡事故必须由公司安全处及相关部门组成事故调查组对事故进行调查。

(4) 事故处理

必须严格按照“四不放过”原则：

① 事故原因不查清不放过。

② 事故责任者和群众没有受到教育不放过。

③ 没有防范措施不放过。

④ 事故责任者(含单位领导)未受到处理不放过。

总之，既要严肃认真，又要实事求是、客观公正地进行处理结案。

11. 安全标志

安全标志是建筑工地提醒作业人员对不安全因素（危险源、点）引起高度注意的重要预防措施之一。安全标志主要由安全色、几何图形等符号构成，用以表示特定的安全信息。安全色有以下四种：

(1) 红色，用于紧急停止和禁止标志。

(2) 黄色，用于警告或警戒标志。

(3) 蓝色，用于指令或必须遵守的规定标志。

(4) 绿色，用于提示安全的标志。

因此，项目部应根据工程进度的不同时期，对施工现场存在的危险源、点，责成施工单位悬挂有针对性的安全警示标牌或由项目部统一采购对危险源、点加以控制。

12. 外协施工队管理

为适应建筑市场用工组合形式不断发展变化的需要，切实加强工程分包、劳务合作人员（单位）安全生产管理，降低外协施工队人员的伤亡事故发生频率，项目经理部应将外协施工队的安全文明施工管理工作纳入正常的日常管理范围内，并严格按照公司有关规定完善用工手续，检查安全资质，建立相应的管理台账。

参加工程建设施工的分包单位和劳务合作单位，必须严格遵守企业有关安全文明施工生产管理的各项规定，自觉接受工程安全监督检查站的监督检查，对成建制的单位还应建立健全安全文明施工生产自我约束机制并配备一定数量的安全专（兼）职人员，努力搞好本单位安全文明施工生产日常管理工作，并须按工程规模、施工人数向项目经理部交纳一定数额的安全责任风险保证金，待工程结束后，视考核情况，予以返还。

用工单位按规定与施工队办理完相应的用工手续后，还应严格审查其“安全资质证书”，同时与施工队签订“安全施工协议书”，明确双方责任，并报工程安全监督检查站登记备案。对无安全资质的施工队不得使用，对使用后不服从安全监督管理或因自身管理原因发生重大伤害事故的施工队应予以辞退。

13. 文明施工

文明施工现场建设是展示企业两个文明建设成果的窗口，是衡量项目综合管理实力的最终体现，是实现安全生产的前提条件，是占领市场和树立良好社会信誉的根本保证。因此，项目经理部各级领导要引起高度重视，必须在工程开工前研究制订创优规划，对施工现场的整体布局进行统筹协调，努力营造一种宽松的氛围，切实制订出具体措施，把现场文明施工创优达标工作落到实处。

(1) 现场围挡

在市区主要路段工地施工，四周要设置 2.5 m 高的围挡；一般路段工地施工，四周要设置 1.8 m 高的围挡。

围挡必须沿工地四周连续设置。围挡的材料要坚固，围挡要整洁、稳定、美观。若在大中以上城市城区施工，围挡还应做到：上方加盖装饰帽、布置灯饰、外墙上必须绘制山水画或书写公益性标语。

(2) 封闭管理

施工现场要设置门楼、安装出入口大门（宽 5 m），大门要稳固、开关方便，并设置企业标志。

施工现场要有值班室,制订门卫制度,并配备认真负责的值班人员,未佩戴工作卡的职工不许进入施工现场。

施工现场的正面(临街面)必须用硬质材料和安全网双层封闭,其他方位均应用密目式安全网封闭。

(3) 施工现场

施工现场道路必须硬化,道口用混凝土实行硬覆盖,宽度不小于大门宽,向外与市政道路连通。

施工现场内道路必须畅通无阻,现场无积水,门口要设置冲洗槽、沉淀池,备有冲洗设备,出门车辆必须经冲洗,保证不带泥上路。

施工现场内排水管网要畅通,要结合实际来采取措施,防止泥浆、污水、废水外流或堵塞下水道。

施工现场要设置休息场所、吸烟室,作业人员不得随地吸烟,乱扔烟头。温暖季节要在现场适当位置种植花草。

(4) 材料堆放

各种机具、设备及建筑材料应按照总平面布置图合理摆放,场内仓库各种器材应堆放整齐,且标识清楚、正确、齐全,不得混合堆放,易燃易爆及危险品要按规定分类入库管理。

施工现场要保持整洁,应做到工完料尽,清理现场建筑垃圾要按指定区域归堆存放,及时清除,并有标识。

(5) 现场住宿

施工现场在建的建筑物不得兼作职工宿舍、项目部办公室,生活区必须与施工作业区分开,职工宿舍应有保暖、防煤气中毒、消暑和防蚊虫叮咬的办法与措施。

施工现场要落实到责任人,管理好宿舍,宿舍内严禁乱接电源线和使用大功率电器及自制电器,做到一室一灯。

职工宿舍内床铺应统一,生活用品应摆放整齐,宿舍周围应经常清扫,不留残渣,保持卫生。

(6) 现场防火

施工现场应制定防火制度,落实防火责任人,贯彻“以防为主,防消结合”的消防方针,配足必要的灭火器材,保证消防水源满足要求(高层建筑要有蓄水设施)。

施工现场严禁动火的区域,需动火时必须报有关部门审批,办理动火证,并指定专人实施动火监控。

(7) 治安综合治理

施工现场的生活区必须设置职工学习和娱乐场所,做到施工时专心,休息时开心。

施工现场要制定治安、保卫制度和措施,落实责任人,确保无职工打架斗殴,无盗窃现象发生,让职工在安定的环境中工作与生活。

(8) 施工现场标志牌

施工现场必须挂置工程概况牌、管理人员名单及监督电话牌、消防保卫牌、文明施工牌、安全生产牌等五牌和施工总平面图，其内容要齐全。标牌要统一尺寸，达到规范，搭设要整齐、稳固，并经常张贴安全宣传标语，举办宣传栏、公告栏、黑板报等宣传安全生产的重要性，做到警钟长鸣。

(9) 生活设施

施工现场的食堂与厕所、垃圾箱要保持一定距离(间距不小于 30 m)。食堂应有纱门、纱窗、纱罩；厕所应有冲洗水管和积粪坑，有专人管理，保持清洁卫生，无异味；场内设置带盖的垃圾桶，生活垃圾与建筑垃圾应分开堆放。

施工现场必须制定卫生责任制，配备保洁员，经常清除现场垃圾，并教育职工养成良好卫生习惯，保持场内卫生，对随地大小便者有处罚措施，同时要保证供应卫生的饮用水，有封闭完全的职工淋浴室。

(10) 保健急救

施工现场必须配备经过培训的医务人员，经常性地开展卫生、防病宣传教育工作，制订急救方案，落实急救措施，备足急救器材、疗伤和保健药品，确保职工的安全和健康。

(11) 社区服务

施工现场要制定生产不扰民措施，制订防粉尘、防噪声措施，禁止在现场焚烧有毒有害物质，尽量不要在夜间加班加点施工，如特殊情况，必须报有关部门批准，方能施工。

(12) 奖罚办法

市场经济是法制经济，采取必要的经济手段奖优罚劣是维护正常施工生产秩序强有力的保证措施，因此，项目经理部可根据公司《安全生产奖惩办法》的有关规定，从工程款或奖金中提留部分资金和安全监督执法的各类罚金以及为外协施工队交纳的安全责任风险保证金等共同作为安全文明施工生产的奖励基金，主要用于对重视安全文明施工生产，认真贯彻落实项目经理部有关安全文明施工生产各项规定的先进单位和个人，以及为避免重大事故做出突出贡献人员的奖励，以激励各施工单位和全体施工人员搞好安全文明施工生产的积极性。但同时也应加大对违反安全文明施工管理规定，违章冒险作业、冒险蛮干和因工作失职发生重大险肇事故或造成人员伤亡的有关责任单位和责任者的处罚力度，并视情节轻重给予严厉的经济处罚直至追究其行政、刑事责任。

2.6.4 施工成本控制

1. 项目计划成本管理的内容

以项目为对象独立核算的项目经理部(简称一级管理项目经理部)和公司统管工程专业项目部的管理内容：根据公司经营管理部或二级单位经营部门下达的项目计划成本按要素分解；将项目计划成本下达到各要素对口主管部门实施，参与成本活动的分析与考核。

公司统管工程不以项目为对象独立核算的项目经理部(简称统管项目经理部)的管理内容：代表公司检查落实各专业项目部项目计划成本的实施情况；按各专业项目部项目计划成本，管理成本各要素的费用支出；严格执行公司对有关成本要素管理的规定。

2. 项目计划成本管理的具体做法

(1) 一级管理项目经理部和公司统管工程专业项目部的管理内容

项目计划成本分解：项目部经营部(组)根据两级公司经营部门批准的计划成本按成本要素(即人工、材料、机械台班、其他直接费、临时设施费、现场管理费)分解，具体做法如下：

首先，按成本要素分解，根据批准的计划成本按内部施工定额子目逐项作大分析进行分解：

① 人工量、价分解。按对应定额含量分解出工日数、人工费，并分解出各工种工日数、工日单价、工种人工费合计。

② 材料量、价分解。按对应定额含量分解出材料规格品种、数量、单价、合价，并按工程用料、施工用料归类。

③ 机械台班量、价分解。按对应定额含量分解出机械规格型号、台班数量、台班单价、机械费。

④ 其他直接费分析。按批准的计划成本中的其他直接费所包含的项目分别列出各项目的具体费用。

⑤ 临时设施费、现场管理费。按批准的计划成本计列。

其次，将分解出的成本要素以工序为单位合并，并且做好以下工作：

① 人工。列出该工序的工种、工日数、工日单价、人工费合计(分析表见表2-10)。

表2-10　人工工日及人工费分析汇总表

工程编号：　　　单位工程名称：　　　工序名称：　　　制表时间：

序号	工种名称	计量单位	单价/元	数量	人工费合计/元	备注

制表人：

② 材料。列出该工序(按工程用料、施工用料)的材料品种规格、数量、单价、合价(分析表见表2-11)。

表2-11　材料消耗量及材料费分析汇总表

工程编号：　　　单位工程名称：　　　工序名称：　　　制表时间：

序号	材料名称及规格	计量单位	单价/元	数量	材料费合计/元	备注

制表人：

③ 机械台班。列出该工序的机械规格型号、台班数量、台班单价、机械费合计(分析表见表 2-12)。

表 2-12　机械台班消耗量及机械台班费分析汇总表

工程编号：　单位工程名称：　工序名称：　制表时间：

序号	机械名称	计量单位	单价/元	数量	机械费合计/元	备注

制表人：

④ 其他直接费。按该工序需要发生的项目计列(分析表见表 2-13)。

表 2-13　其他直接费分析表

工程编号：　单位工程名称：　工序名称：　制表时间：

序号	费用项目名称	金额/元	计算说明	备注		

制表人：

⑤ 临时设施费、现场管理费。由项目部统一安排使用 (分析表见表 2-14)。

表 2-14　现场经费分析表

工程编号：　单位工程名称：　工序名称：　制表时间：

序号	费用项目名称	金额/元	计算说明	备注		
	临时设施费					
	现场管理费					

制表人：

最后，将各工序按要素汇总，组成按要素分列的计划成本。

项目计划成本下达：

① 项目计划成本分解完，报项目经理审批后以项目计划成本通知单(表 2-15)的方式对口下达到各成本要素主办部门作为控制现场成本的目标。

表 2-15　项目计划成本通知单

成本项目	金额/元	备注
人工费		
材料费		
机械使用费		
其他直接费		
临时设施费		
现场管理费		
合计		

项目部　　　　　　　　　　　　　　　　　　　　　年　　月　　日

② 按月下达与月施工计划对应的项目计划成本(表 2-16),作为成本要素各主管部门按月实施的依据,即月初根据计划要完成的实物量按对应的生产要素下达月计划成本,作为当月成本的控制目标;月末根据实际完成的实物量按生产要素计算出实际完成需要的计划成本,作为当月成本考核的依据。

表 2-16　月项目计划成本表

工程编号:　　　　单位工程名称:　　　　制表时间:

工序名称	实物量名称	计算单位	数量	单价/元	合价/元	其中			
						人工费/元	材料费/元	机械费/元	综合费/元

编制人:　　　　　　　　　　　　　　　　　项目经理:

③ 各专业项目部的项目计划成本在下达的同时报项目经理部。

项目计划成本补充与调整。当出现下述情况时,对原项目计划成本应进行补充与调整。

① 经业主签认的工程变更、现场签证、设计变更。

② 不可预见的因素造成实际成本与计划成本有较大出入。

③ 国家或地方政策性调整。

项目计划成本补充、调整办法:按原项目计划成本编制、审批、分解、下达的程序办理。

(2) 公司统管项目经理部的具体做法

检查各专业项目部项目计划成本管理的体系是否建立、人员是否落实。

检查各专业项目部项目计划成本管理的具体做法是否符合要求。

检查各专业项目部是否按项目计划成本对成本各要素进行有效控制。

分析汇总各专业项目部单位工程的项目计划成本，并按成本要素对口下达到各部门，作为全项目成本管理和资金投入的依据。

分析汇总各专业项目部月项目计划成本并按成本要素对口下达到各部门，作为当月成本管理的依据。

制订开展项目计划成本工作的考评制度，对项目计划成本工作做得好、有实效的给予嘉奖；对工作开展不力、成本有偏差的要及时纠正；对管理不力、成本失控的要予以处罚。

按月将各专业项目部项目计划成本执行情况向公司及二级公司主管部门汇报。

3. 项目计划成本管理要求达到的目标

(1) 认真按批准的项目计划成本执行。

(2) 人工、材料、机械台班分析量、价详细、具体、准确。

(3) 项目计划成本分解下达及时，满足现场成本管理的需要。

4. 项目成本管理工作

(1) 项目成本管理

项目成本管理包括项目成本预测、成本计划（目标成本）、成本控制、成本核算、成本分析和考核等工作。

(2) 项目成本管理的基本要求

在项目开工前应按已掌握的项目工程实物量、施工方案等资料，采用一定的程序和方法，对施工项目预计发生的成本、费用进行预测和推测。

在项目成本预测的基础上，再按一定的程序，采用技术节约措施法或据实计算法，确定项目部的项目目标成本。

在项目施工过程中，以确定的项目目标成本作为依据，严格控制各种项目成本的支出，对比目标成本、计划成本，找出产生量差及价差的原因。

按照权责发生制的原则，严格按照项目成本的开支范围，认真进行项目实际成本的核算，并及时登记项目成本管理台账(表 2-17)。

表 2-17 项目成本(　　)管理台账

单位工程名称： 单位：元

名称	内容	单位	单价	(　　)月		(　　)月		(　　)月		(　　)月	
				数量	金额	数量	金额	数量	金额	数量	金额
	责任成本										
	实际成本										
	对　　比										
	责任成本										
	实际成本										
	对　　比										

注：本表属通用性表格，名称分别填人工、材料、机械台班、其他直接费等。

根据项目成本控制及成本核算的资料，每月应对项目目标成本、计划成本的执行情况进行对比分析(表2-18～表2-24)，及时阻塞项目管理上的漏洞，促进项目成本管理水平的不断提高。

表2-18　项目人工费对比分析

单位:元

项目	计划成本	实际成本	降低额	降低率/%	分析与评价
人工工日					
人工单价					
人工费合计					

表2-19　项目材料费对比分析

单位:元

项目	计划成本			实际成本			降低额			分析与评价
	数量	单价	合计	数量	单价	合计	数量	单价	合计	
主要材料小计										
其中:										
—										
周转材料小计										
其中:脚手架										
模板摊销										
—										
其他材料小计										
材料费合计										

注:重点分析量差、价差的原因。

表2-20　项目机械费对比分析

单位:元

项目	计划成本			实际成本			降低额			分析与评价
	数量	单价	合计	数量	单价	合计	数量	单价	合计	

表 2-21 项目其他直接费对比分析

单位:元

项目	计划成本			实际成本			降低额			分析与评价
	数量	单价	合计	数量	单价	合计	数量	单价	合计	

表 2-22 项目间接费对比分析

单位:元

项目	计划成本			实际成本			降低额			分析与评价
	数量	单价	合计	数量	单价	合计	数量	单价	合计	

表 2-23 未完施工工程分析

项目名称	未完施工成本	对应的计划成本	预计节、超额	分析与评价
合计				

注:分析与评价栏应说明未报计划成本收入的原因,如未完施工成本大于对应的计划成本,即预计超支,应分析其原因并指出解决的办法或建议。

表 2-24 分包工程成本分析

单位:元

分包工程名称	分包收入	分包成本及税金	差额	已付款	分析与评价

(续表)

分包工程名称	分包收入	分包成本及税金	差额	已付款	分析与评价
合计					

注:分析与评价栏应说明分包是否合规,若差额为负数,应标明项目经理及经办人,分析其原因,并指出解决的办法或建议。

在施工项目的成本管理中,应通过定期和不定期的成本考核,促进项目成本管理工作的健康发展,更好地完成施工项目的成本目标。

2.7　砖砌体质量控制与检验

砖砌体工程和质量验收

【学习目标】

(1) 熟悉砖、灰缝、施工工法等砖砌体质量控制要素。

(2) 熟悉砖砌体工程质量验收中主控项目与一般项目的检验方法与要求。

【关键概念】

主控项目、一般项目

2.7.1　砖砌体质量控制要素

用于清水墙、柱表面的砖,根据砌体外观质量的需要,应边角整齐,色泽均匀。

地面以下或防潮层以下的砌体常处于潮湿的环境中,有的处于水位以下,在冻胀作用下,对多孔砖的耐久性能影响较大。故在有冻胀环境和条件的地区,地面以下或防潮层以下的砌体,不宜采用多孔砖。

砌筑砖砌体时,砖应提前1～2 d浇水湿润。砖砌筑前浇水是砖砌体施工工艺的一个部分,砖的湿润程度对砌体的施工质量影响较大。对比试验证明,适宜的含水率不仅可以提高砖与砂浆之间的黏结力,提高砌体的抗剪强度,也可以使砂浆强度保持正常增长,提高砌体的抗压强度。同时,适宜的含水率还可以使砂浆在操作面上保持一定的摊铺流动性能,便于施工操作,有利于保证砂浆的饱满度。这些对确保砌体施工质量和力学性能都是十分有利的。

适宜含水率的数值是根据有关科研单位的对比试验和施工企业的实践经验提出的,对烧结普通砖、多孔砖含水率宜为10%～15%;对灰砂砖、粉煤灰砖含水率宜为8%～12%。现场检验砖含水率的简易方法采用断砖法,当砖截面四周融水深度为15～20 mm

时，视为符合要求的适宜含水率。

砖砌体砌筑宜随铺砂浆随砌筑。采用铺浆法砌筑时，铺浆长度对砌体的抗剪强度影响明显。试验表明，在气温 15℃时，铺浆后立即砌砖和铺浆后 3 min 再砌砖，砌体的抗剪强度相差 30%。施工气温高时，影响程度更大。砌砖工程当采用铺浆法砌筑时，铺浆长度不得超过 750 mm；施工期间气温超过 30℃时，铺浆长度不得超过 500 mm。

从有利于保证砌体的完整性、整体性和受力的合理性出发，在 240 mm 厚承重墙的每层墙的最上一皮砖，砖砌体的阶台水平面上及挑出层，应整砖丁砌。

砖砌平拱过梁的灰缝应砌成楔形缝。砖平拱过梁是砖砌拱体结构的一个特例，是矢高极小的一种拱体结构。从其受力特点及施工工艺考虑，必须保证拱脚下面伸入墙内的长度和拱底应有的起拱量，保持楔形灰缝形态。灰缝的宽度在过梁的底面不应小于 5 mm，在过梁的顶面不应大于 15 mm。拱脚下面应伸入墙内不小于 20 mm，拱底应有 1%的起拱。

过梁底部模板是砌筑过程中的承重结构，只有砂浆达到一定强度后，过梁部位砌体方能承受荷载作用，才能拆除底模。砂浆强度一般以实际强度为准。应在灰缝砂浆强度不低于设计强度的 50%时方可拆除砖过梁底部的模板。

多孔砖的孔洞垂直于受压面，能使砌体有较大的有效受压面积，有利于砂浆结合层进入上下砖块的孔洞中产生“销键”作用，提高砌体的抗剪强度和砌体的整体性。因此，多孔砖的孔洞应垂直于受压面砌筑。

施工时施砌的蒸压(养)砖的产品龄期不应小于 28 d。灰砂砖、粉煤灰砖出釜后早期收缩值大，如果这时用于墙体上，将很容易出现明显的收缩裂缝。因而要求出釜后停放时间不应小于 28 d，使其早期收缩值在此期间内完成大部分，这是预防墙体早期开裂的一个重要技术措施。

竖向灰缝不得出现透明缝、瞎缝和假缝。竖向灰缝砂浆的饱满度一般对砌体的抗压强度影响不大，但是对砌体的抗剪强度影响明显。试验表明：当竖缝砂浆里不饱满甚至完全无砂浆时，其砌体的抗剪强度将降低 40%～50%。此外，透明缝、瞎缝和假缝对房屋的使用功能也会产生不良影响。因此，对砌体施工时的竖向灰缝的质量要求作出了相应的规定。

砖砌体的施工临时间断处的接槎部位本身就是受力的薄弱点，为保证砌体的整体性，必须强调补砌时的要求。砖砌体施工临时间断处补砌时，必须将接槎处表面清理干净，浇水湿润，并填实砂浆，保持灰缝平直。

口角处顺砖顶七分头，丁砖排到头；条砖出现半块时用丁砖夹在墙面中间(最好在窗洞口中间)；条砖出现 1/4 砖时，条行用一丁砖加一七分头代 1.25 砖，排在中间；丁行也加七分头与之呼应；门窗洞口位置可移动≤6 cm。

2.7.2　砖砌体工程质量标准与检验方法

1. 一般规定

(1) 本小节适用于烧结普通砖、烧结多孔砖、混凝土多孔砖、混凝土实心砖、蒸压灰砂砖、蒸压粉煤灰砖等砌体工程。

(2) 用于清水墙、柱表面的砖，应边角整齐，色泽均匀。

(3) 砌体砌筑时，混凝土多孔砖、混凝土实心砖、蒸压灰砂砖、蒸压粉煤灰砖等块体的产品龄期不应小于28 d。

(4) 有冻胀环境的地区，地面以下或防潮层以下的砌体，不应采用多孔砖。

(5) 不同品种的砖不得在同一楼层混砌。

(6) 砌筑烧结普通砖、烧结多孔砖、蒸压灰砂砖、蒸压粉煤灰砖砌体时，砖应提前1～2 d适度湿润，严禁采用干砖或处于吸水饱和状态的砖砌筑，块体湿润程度宜符合下列规定：

① 烧结类块体的相对含水率60%～70%；

② 混凝土多孔砖及混凝土实心砖不需浇水湿润，但在气候干燥炎热的情况下，宜在砌筑前对其喷水湿润。其他非烧结类块体的相对含水率40%～50%。

(7) 采用铺浆法砌筑砌体，铺浆长度不得超过750 mm；施工期间气温超过30℃时，铺浆长度不得超过500 mm。

(8) 240 mm厚承重墙的每层墙的最上一皮砖，砖砌体的阶台水平面上及挑出层的外皮砖，应整砖丁砌。

(9) 弧拱式及平拱式过梁的灰缝应砌成楔形缝，拱底灰缝宽度不宜小于5 mm，拱顶灰缝宽度不应大于15 mm，拱体的纵向及横向灰缝应填实砂浆；平拱式过梁拱脚下面应伸入墙内不小于20 mm；砖砌平拱过梁底应有1%的起拱。

(10) 砖过梁底部的模板及其支架拆除时，灰缝砂浆强度不应低于设计强度的75%。

(11) 多孔砖的孔洞应垂直于受压面砌筑，半盲孔多孔砖的封底面应朝上砌筑。

(12) 竖向灰缝不得出现瞎缝、透明缝和假缝。

(13) 砖砌体施工临时间断处补砌时，必须将接槎处表面清理干净，洒水湿润，并填实砂浆，保持灰缝平直。

(14) 夹心复合墙的砌筑应符合下列规定：

① 墙体砌筑时，应采取措施防止空腔内掉落砂浆和杂物；

② 拉结件设置应符合设计要求，拉结件在叶墙上的搁置长度不应小于叶墙厚度的2/3，并不应小于60 mm；

③ 保温材料品种及性能应符合设计要求。保温材料的浇注压力不应对砌体强度、变形及外观质量产生不良影响。

2. 主控项目

(1) 砖和砂浆的强度等级必须符合设计要求。

抽检数量：每一生产厂家，烧结普通砖、混凝土实心砖每15万块，烧结多孔砖、混凝土多孔砖、蒸压灰砂砖及蒸压粉煤灰砖每10万块各为一验收批，不足上述数量时按一批计，抽检数量为一组。砂浆试块的抽检数量：每一检验批且不超过250 m^{3}砌体的各类、各强度等级的普通砌筑砂浆，每台搅拌机应至少抽检一次。验收批的预拌砂浆、蒸压加气混凝土砌块专用砂浆，抽检可为三组。

检验方法：查砖和砂浆试块试验报告。

(2) 砌体灰缝砂浆应密实饱满，砖墙水平灰缝的砂浆饱满度不得低于 80%；砖柱水平灰缝和竖向灰缝饱满度不得低于 90%。

抽检数量：每检验批抽查不应少于 5 处。

检验方法：用百格网检查砖底面与砂浆的黏结痕迹面积，每处检测 3 块砖，取其平均值。

(3) 砖砌体的转角处和交接处应同时砌筑，严禁无可靠措施的内外墙分砌施工。在抗震设防烈度为 8 度及 8 度以上地区，对不能同时砌筑而又必须留置的临时间断处应砌成斜槎，普通砖砌体斜槎水平投影长度不应小于高度的 2/3，多孔砖砌体的斜槎长高比不应小于 1/2。斜槎高度不得超过一步脚手架的高度。

抽检数量：每检验批抽查不应少于 5 处。

检验方法：观察检查。

(4) 非抗震设防及抗震设防烈度为 6 度、7 度地区的临时间断处，当不能留斜槎时，除转角处外，可留直槎，但直槎必须做成凸槎，且应加设拉结钢筋，拉结钢筋应符合下列规定：

① 每 120 mm 墙厚放置 1ϕ6 拉结钢筋(120 mm 厚墙应放置 2ϕ6 拉结钢筋)；

② 间距沿墙高不应超过 500 mm，且竖向间距偏差不应超过 100 mm；

③ 埋入长度从留槎处算起每边均不应小于 500 mm，对抗震设防烈度 6 度、7 度的地区，不应小于 1 000 mm；

④ 末端应有 90°弯钩(图 2 - 53)。

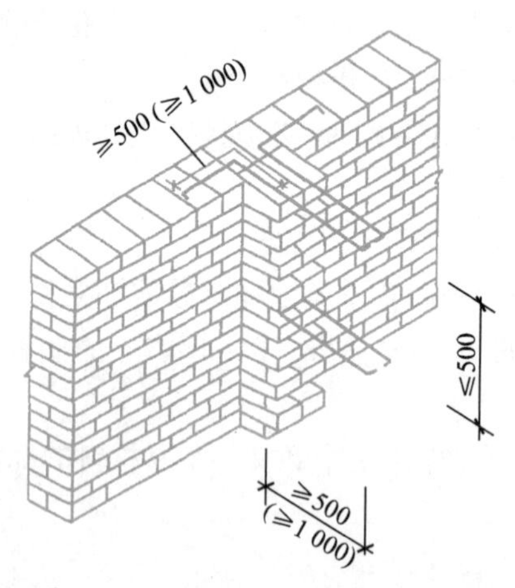

图 2 - 53　直槎处拉结钢筋示意图

抽检数量：每检验批抽查不应少于 5 处。

检验方法：观察和尺量检查。

3. 一般项目

(1) 砖砌体组砌方法应正确，内外搭砌，上下错缝。清水墙、窗间墙无通缝；混水墙中不得有长度大于 300 mm 的通缝，长度 200～300 mm 的通缝每间不超过 3 处，且不得位于同一面墙体上。砖柱不得采用包心砌法。

抽检数量：每检验批抽查不应少于 5 处。

检验方法：观察检查。砌体组砌方法抽检每处应为 3～5 m。

(2) 砖砌体的灰缝应横平竖直，厚薄均匀，水平灰缝厚度及竖向灰缝宽度宜为 10 mm，但不应小于 8 mm，也不应大于 12 mm。

抽检数量：每检验批抽查不应少于 5 处。

检验方法：水平灰缝厚度用尺量 10 皮砖砌体高度折算；竖向灰缝宽度用尺量 2 m 砌体长度折算。

(3) 砖砌体尺寸、位置的允许偏差及检验应符合表 2-25 的规定。

表 2-25　砖砌体尺寸、位置的允许偏差及检验

<table>
<tr><th>项次</th><th colspan="3">项目</th><th>允许偏差
(mm)</th><th>检验方法</th><th>抽检数量</th></tr>
<tr><td>1</td><td colspan="3">轴线位移</td><td>10</td><td>用经纬仪和尺或用其他测量仪器检查</td><td>承重墙、柱全数检查</td></tr>
<tr><td>2</td><td colspan="3">基础、墙、柱顶面标高</td><td>±15</td><td>用水准仪和尺检查</td><td>不应少于 5 处</td></tr>
<tr><td rowspan="3">3</td><td rowspan="3">墙面垂直度</td><td colspan="2">每层</td><td>5</td><td>用 2 m 托线板检查</td><td>不应少于 5 处</td></tr>
<tr><td rowspan="2">全高</td><td>≤10 m</td><td>10</td><td rowspan="2">用经纬仪、吊线和尺或用其他测量仪器检查</td><td rowspan="2">外墙全部阳角</td></tr>
<tr><td>>10 m</td><td>20</td></tr>
<tr><td rowspan="2">4</td><td colspan="2" rowspan="2">表面平整度</td><td>清水墙、柱</td><td>5</td><td rowspan="2">用 2 m 靠尺和楔形塞尺检查</td><td rowspan="2">不应少于 5 处</td></tr>
<tr><td>混水墙、柱</td><td>8</td></tr>
<tr><td rowspan="2">5</td><td colspan="2" rowspan="2">水平灰缝平直度</td><td>清水墙</td><td>7</td><td rowspan="2">拉 5 m 线和尺检查</td><td rowspan="2">不应少于 5 处</td></tr>
<tr><td>混水墙</td><td>±10</td></tr>
<tr><td>6</td><td colspan="3">门窗洞口高、宽(后塞口)</td><td>±10</td><td>用尺检查</td><td>不应少于 5 处</td></tr>
<tr><td>7</td><td colspan="3">外墙上下窗口偏移</td><td>20</td><td>以底层窗口为准，用经纬仪或吊线检查</td><td>不应少于 5 处</td></tr>
<tr><td>8</td><td colspan="3">清水墙游丁走缝</td><td>20</td><td>以每层第一皮砖为准，用吊线和尺检查</td><td>不应少于 5 处</td></tr>
</table>

思考题

1. 简述砖墙细部构造作用与做法。
2. 与普通砖相比，多孔砖有什么特点？
3. 水泥砂浆与混合砂浆的使用范围有什么不同？
4. 扣件式钢管脚手架主要有哪些杆件组成？设置要点有哪些？
5. 承插型盘扣支架主要使用在哪些工程上？

6. 简述普通砖墙施工工艺流程与施工要点。
7. 多孔砖墙的施工要点有哪些?
8. 构造柱的构造要求与施工要点有哪些?
9. 圈梁的构造要求有哪些?
10. 如何对砖砌体进行质量检查与验收?

实训题

某住宅楼工程,五层砖混结构,抗震设防烈度为 7 度,建筑结构安全等级为二级,裂缝控制等级为三级,结构设计使用年限为 50 年,具体如下:

(1) 基础采用钢筋混凝土筏板基础,混凝土强度等级均为 C30,筏板厚 300 mm,筏板底标高为−1.850 m。

(2) 首层地面结构标高−0.050,二层地面结构标高 2.950,三层地面结构标高 5.950,四层地面结构标高 8.950,五层地面结构标高 11.950,平屋面结构标高 14.950,女儿墙压顶结构标高 16.150,压顶高度为 50 mm。

(3) 楼板采用钢筋混凝土现浇楼板,板厚为 90 mm。

(4) 墙体均为 240 mm 厚砖墙,采用 MU10 烧结煤矸石砖。砂浆为:±0.000 以下用 M10 水泥砂浆;一～三层及顶层用 M10 混合砂浆;其他层用 M7.5 混合砂浆。

(5) 过梁均为预制钢筋混凝土过梁。

(6) 构造柱截面如图 2-54 所示,根部采用锚入基础的做法,保护层厚度为 25 mm;基础圈梁、楼层圈梁与顶层圈梁的截面如图 2-55 所示,圈梁保护层厚度为 25 mm。构造柱与圈梁的混凝土强度等级均为 C20。

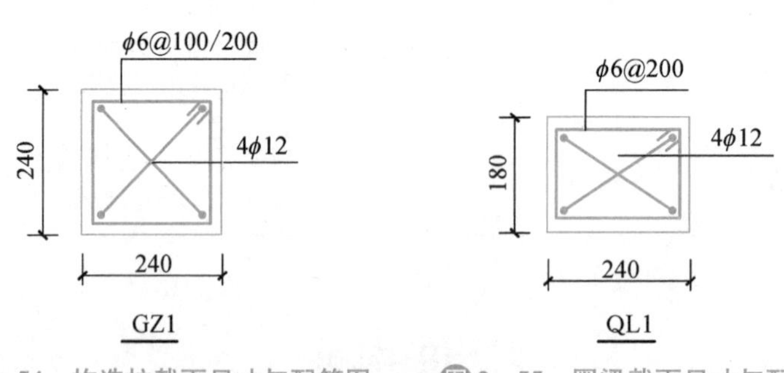

图 2-54　构造柱截面尺寸与配筋图　　图 2-55　圈梁截面尺寸与配筋

试计算轴线①与轴线Ⓐ相交的构造柱钢筋下料长度。标准层结构平面图见图 2-56。

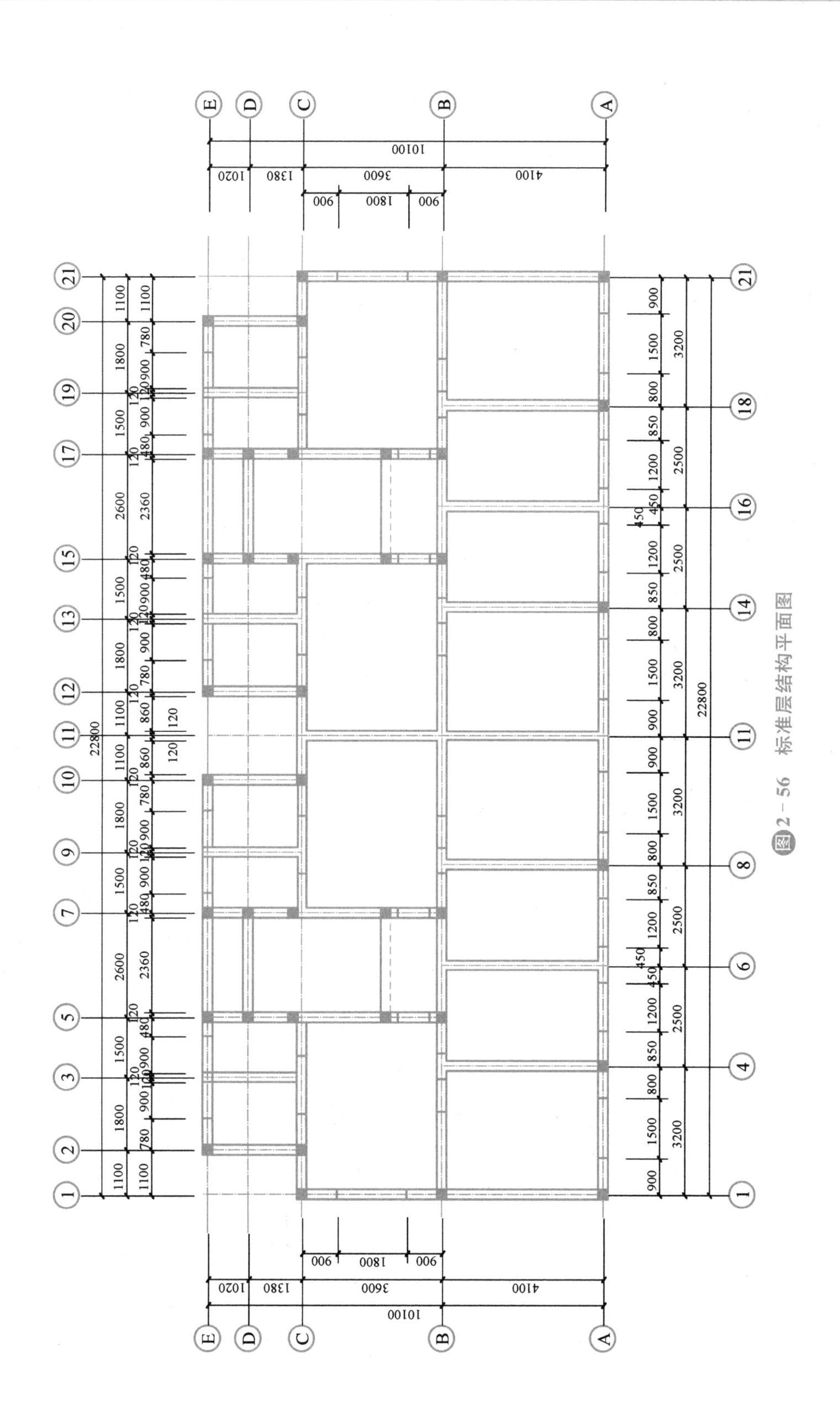

图 2-56　标准层结构平面图

第3章 混凝土小型空心砌块砌体工程

引　言

为了节约能源，保护耕地资源，充分利用工业废料，以适应建筑业发展需要，国家正在限制使用并逐步淘汰黏土砖，许多新型墙体材料正在被使用。砌块的生产工艺简单；设备系通用机械，投资少、收效快，可以大量利用工业废渣，不用耕作土。本单元将以混凝土小型空心砌块为典型材料，教你掌握砌块砌体工程的施工工艺与质量验收标准。

学习目标

通过本单元的学习，你将能够：

(1) 掌握混凝土小型空心砌块的材料特性。

(2) 掌握混凝土小型空心砌块施工工法。

(3) 熟悉配筋砌块砌体的构造要求与施工要点。

(4) 熟悉混凝土小型空心砌块砌体工程质量验收标准。

为了节约能源，保护耕地资源，充分利用工业废料，适应建筑业发展需要，国家正在限制使用并逐步淘汰黏土砖，许多新型墙体材料正在被使用。混凝土小型空心砌块是以水泥做胶结材料，普通碎石或卵石、砂子为粗细骨料，或以浮石、火山渣、煤渣、自然煤矸石、陶粒及细砂等为粗细骨料，加水拌和，经装模、振动成型，并经养护而成。外形多为直角六面体，也有各种异形的。砌块的生产工艺简单；设备系通用机械，投资少、收效快；成本可接近或低于黏土砖；劳动生产率比黏土砖高2倍多，施工进度加快；可以大量利用工业废渣，节约堆放废渣的场地，不用耕作土。另外，建筑物自重减轻到0.4～1.0 t/m^2，墙体厚度减薄，可增加建筑使用面积4%～8%。

3.1　混凝土小型空心砌块

【学习目标】

(1) 熟悉砌块的分类。

(2) 掌握混凝土小型空心砌块的规格与特点。

【关键概念】

小型砌块、普通混凝土小型空心砌块、轻集料混凝土小型空心砌块砌块的种类较多，按形状分为实心砌块和空心砌块。砌块内无空洞或空心率小于25%的为实心砌块，空心率大于25%的为空心砌块。按规格可分为：小型砌块，高度为180～350 mm；中型砌块，高度为360～900 mm；高度大于900 mm的为大型砌块。

常用的砌块有普通混凝土小型空心砌块、轻集料混凝土小型空心砌块、蒸压加气混凝土砌块、粉煤灰砌块。混凝土小型空心砌块强度高、自重轻、耐久性好，有些还能够美观饰面并具有良好的保湿隔热性能。

普通混凝土小型空心砌块以水泥、砂、碎石或卵石加水预制而成，包括普通、承重与非承重砌块、装饰砌块、保湿砌块、吸声砌块等类别。

砌块分为单排孔砌块和多排孔砌块两种。强度等级MU7.5以上的为承重砌块，MU5.0及以下的为非承重砌块。单排孔砌块为沿宽度方向只有一排孔洞的普通砌块，这种砌块具有较大的空心率和孔洞截面，自重轻，上下贯通的孔洞可浇筑钢筋混凝土芯柱，但保湿隔热性能较差，且易损坏。双排孔或多排孔砌块为沿厚度方向有双排条形孔洞或多排条形孔洞的砌块，通常为盲孔砌块，保湿隔热性能较好，多用于我国南方地区。

普通混凝土小型空心砌块可用来砌筑低层或中层建筑的内、外墙，也可用来砌筑框架、框剪结构的填充墙。

轻集料混凝土小型空心砌块以水泥、砂、轻集料加水预制而成。常用品种有浮石混凝土空心砌块、煤渣混凝土空心砌块、煤矸石混凝土空心砌块及陶粒混凝土空心砌块等。按其孔的排数分为单排孔、双排孔、三排孔和四排孔四类。

浮石混凝土空心砌块以细砂或粉煤灰为细骨料，浮石为粗骨料，按一定配合比加水搅拌、浇注、振动、养护而制成的。煤渣混凝土空心砌块是以水泥做胶结材料，煤渣为骨料，按一定配合比加水搅拌、振动成型、养护而制成的。煤矸石混凝土空心砌块是以水泥作胶结材料，自然过火煤矸石为粗细骨料，按一定配合比加水搅拌，经振动成型、养护而成。陶粒混凝土空心砌块是以水泥作胶结材料，陶粒为粗骨料（无细骨料），按一定配合比加水搅拌、浇注、振动、养护而制成。

3.1.1　混凝土小型空心砌块的规格

1. 普通混凝土小型空心砌块

其主规格尺寸为（长×宽×高）：390 mm×190 mm×190 mm，辅助规格有：290 mm×190 mm×190 mm、190 mm×190 mm×190 mm、90 mm×190 mm×190 mm、590 mm×190 mm×190 mm、90 mm×90 mm×56 mm等，最小壁厚为30 mm，最小肋厚为30 mm。

根据抗压强度分为MU20、MU15、MU10、MU7.5、MU5、MU3.5六个强度等级。

2. 轻集料混凝土小型空心砌块

浮石混凝土空心砌块，主规格尺寸为600 mm×(125～300) mm×250 mm。

煤渣混凝土小型空心砌块，其主规格尺寸为（长×宽×高）：390 mm×190 mm×190 mm，辅助规格有：290 mm×190 mm×190 mm、190 mm×190 mm×190 mm、90 mm×190 mm×190 mm、90 mm×190 mm×56 mm等，最小壁厚为30 mm，最小肋厚为30 mm。

煤矸石混凝土小型空心砌块，外墙砌块主规格尺寸为 290 mm×290 mm×190 mm，内墙砌块主规格尺寸为 290 mm×190 mm×190 mm。

陶粒混凝土小型空心砌块，其主规格尺寸为(长×宽×高)：390 mm×240 mm×190 mm，辅助规格有：190 mm×240 mm×190 mm、90 mm×240 mm×190 mm、90 mm×240 mm×56 mm 等，最小壁厚为 30 mm，最小肋厚为 25 mm。

根据抗压强度分为 MU10、MU7.5、MU5、MU3.5、MU2.5、MU15 六个强度等级。

3.1.2 混凝土小型空心砌块尺寸偏差、外观质量和抗压强度要求

混凝土小型空心砌块按其尺寸偏差、外观质量分为优等品、一等品和合格品。除框架填充内墙，住宅和其他民用建筑内隔墙、围墙可用合格品等级外，其他工程部位均应使用不得低于一等品等级的小砌块。

普通混凝土小型空心砌块和轻集料混凝土小型空心砌块尺寸允许偏差应符合表 3-1 的规定。

表 3-1 混凝土小型空心砌块尺寸允许偏差

项目名称	优等品	一等品	合格品
长度	±2	±3	±3
宽度	±2	±3	±3
高度	±2	±3	+3,−4

普通混凝土小型空心砌块的外观质量与抗压强度应符合表 3-2 和表 3-3 的规定。

表 3-2 普通混凝土小型空心砌块外观质量

项目名称	优等品	一等品	合格品
弯曲	≤2	≤2	≤3
缺棱掉角个数	0	≤2	≤2
三个方向投影尺寸的最小值/mm	0	≤20	≤30
裂纹延伸的投影尺寸累计/mm	0	≤20	≤30

表 3-3 普通混凝土小型空心砌块强度

强度等级	砌块抗压强度/MPa	
	5 块平均值	单块最小值
MU3.5	≥3.5	≥2.8
MU5	≥5.0	>4.0
MU7.5	≥7.5	≥6.0
MU10	≥10.0	≥8.0
MU15	≥15.0	≥12.0
MU20	≥20.0	≥16.0

轻骨料混凝土小型空心砌块的外观质量要求与相对密度应符合表 3-4 和表 3-5 的规定，其规定值允许最大偏差为 100 kg/m³。轻骨料混凝土小型空心砌块的抗压强度，符合表 3-6 要求为优等品或一等品；密度等级范围不满足要求为合格品。

表 3-4　轻骨料混凝土小型空心砌块外观质量要求

项目名称	优等品	一等品	合格品
掉角缺棱(个数)	0	2	2
三个方向投影尺寸的最小值/mm	0	20	30
裂纹延伸的投影尺寸累计/mm	0	20	30

表 3-5　轻骨料混凝土小型空心砌块相对密度

密度等级	砌块干燥表观密度的范围/(kg/m³)	密度等级	砌块干燥表观密度的范围/(kg/m³)
500	≤500	900	810～900
600	510～600	1 000	910～1 000
700	610～700	1 200	1 010～1 200
800	710～800	1 400	1 210～1 400

表 3-6　轻骨料混凝土小型空心砌块强度

<table>
<tr><th rowspan="2">强度等级</th><th colspan="2">砌块抗压强度/MPa</th><th rowspan="2">密度等级范围不大于</th></tr>
<tr><th>5 块平均值</th><th>单块最小值</th></tr>
<tr><td>MU1.5</td><td>≥1.5</td><td>≥1.2</td><td rowspan="2">≤800</td></tr>
<tr><td>MU2.5</td><td>≥2.5</td><td>≥2.0</td></tr>
<tr><td>MU3.5</td><td>≥3.5</td><td>≥2.8</td><td rowspan="2">≤1 200</td></tr>
<tr><td>MU5</td><td>≥5.0</td><td>≥4.0</td></tr>
<tr><td>MU7.5</td><td>≥7.5</td><td>≥6.0</td><td rowspan="2">≤1 400</td></tr>
<tr><td>MU10</td><td>≥10.0</td><td>≥8.0</td></tr>
</table>

3.2　混凝土小型空心砌块施工

【学习目标】

(1) 熟悉混凝土小型空心砌块施工前放线、排列等准备工作。

(2) 掌握混凝土小型空心砌块的施工要点。

【关键概念】

砌块排列图、坐浆法、芯柱

混凝土小型空心砌块施工

3.2.1　施工准备

小砌块应按现行国家标准《混凝土小型空心砌块》及出厂合格证进行验收，必要时可现场取样进行检验。装卸小砌块时严禁倾卸丢掷，应堆放整齐。堆放小砌块应符合下列要求：运到现场的小砌块应分规格型号、分强度等级堆放；堆垛上应设标志；堆放现场必须预先夯实平整并做好排水。小砌块的堆放高度不宜超过 1.6 m，并不得着地堆放。堆垛之间应保持适当的通道。

施工前，应用钢尺校核房屋的放线尺寸，并按照图纸要求弹好墙体轴线、中心线或墙体边线。砌块砌筑前，应根据建筑物的平面、立面图绘制小砌块排列图（如图 3－1），计算出各种规格砌块的数量。排列时应根据小砌块规格、灰缝厚度和宽度、过梁与圈梁的高度、预留洞大小、门窗洞口尺寸、芯柱或构造柱位置、开美管线插座敷设部位等进行对孔错缝搭接排列，并以主规格小砌块为主，辅以相应的配套块。

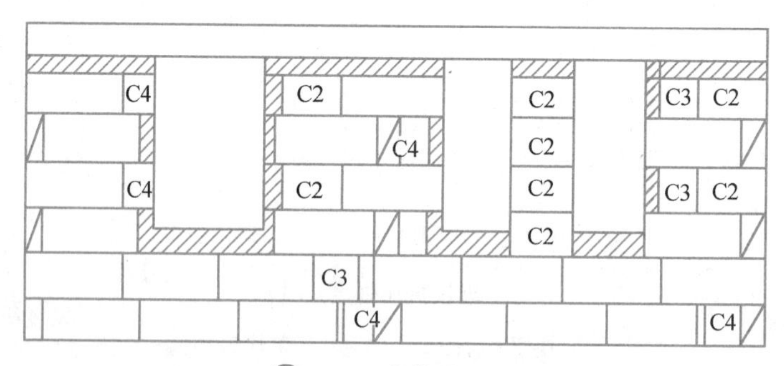

图3－1　砌块排列图

若设计无具体规定，砌块应按下列原则排列：

(1) 根据砌块尺寸和垂直灰缝的宽度(8～12 mm)、水平缝的厚度 (8～12 mm)计算砌块砌筑匹数和排数，尽量多用主规格的砌块或整块砌块，减少非主规格砌块的规格与数量。

(2) 砌块一般采用全顺组砌，应符合错缝搭接的原则，搭砌长度不得小于块高的1/3，且不应小于 150 mm，当搭接长度不足时，应在水平灰缝隙内设 2ϕ 4 mm 的钢筋网片。

(3) 外墙转角处及纵横墙交接处，应交错咬槎砌筑。

(4) 局部必须镶砖时，应尽量使砖的数量达到最低限度，镶砖部分应分散布置。

(5)由于黏土砖与空心小型砌块的材料性能不同，对承重墙体不得采用砌块与黏土砖混合砌筑。

砌筑前在墙体转角处和交接处设置皮数杆，皮数杆上画出砌块皮数及砌块高度、灰缝厚度及门窗洞口高度，在皮数杆上相对小砌块上边线之间拉准线，小砌块依准线砌筑。皮数杆的间距不宜大于 15 m。

3.2.2　砌块墙体施工

小型砌块的施工方法同砖砌体施工方法一样，主要是手工砌筑。其施工要点如下：

(1) 砌筑应从转角或定位砌块处开始。

(2) 砌筑时应尽量采用主规格砌块，辅以相应的配套块。

(3) 砌块砌筑应逐块砌筑，随铺随砌，砌体灰缝应横平竖直。水平灰缝需用坐浆法满铺小砌块全部壁肋或多排孔小砌块的封底面；竖向灰缝应将小砌块端面朝上铺满砂浆再上墙挤紧。全部灰缝均应铺填砂浆，水平灰缝的砂浆饱满度不得低于 90%，竖缝的砂浆饱满度不得低于 80%，竖缝凹槽部位应用砌筑砂浆填实，砌筑中不得出现瞎缝、透明缝。砌体的水平灰缝厚度和竖直灰缝宽度宜为 10 mm，控制在 8～12 mm。砌筑时的铺灰长度不得超过 800 mm，严禁用水冲浆灌缝。当缺少辅助规格小砌块时，墙体通缝不应超过两皮。

(4) 砌清水墙面应随砌随勾缝，并要求光滑、密实、平整。拉结钢筋或网片必须放置于灰缝和芯柱内，不得漏放，其外露部分不得随意弯折。

(5) 小砌块搭接时应注意以下几点：

① 小砌块墙体砌筑形式必须每皮顺砌，应对孔错缝搭砌，竖缝错开长度应不小于砌块长度的 1/2。个别情况下因设计原因无法对孔砌筑时，可错孔砌筑，搭接长度不应小于 90 mm。使用多排孔小砌块砌筑墙体时，无对孔要求，但应错缝搭砌，普通混凝土搭接长度不应小于 90 mm，轻骨料混凝土小砌块错缝长度不应小于 120 mm。墙体的个别部位不能满足上述要求时，应在水平灰缝中设置 ϕ4 mm 拉结钢筋或钢筋网片，网片两端距离该垂直灰缝各不小于 400 mm。

② 内外墙必须同时砌筑，纵横墙交错搭接，对于承重墙体的交接处和外墙转角处要特别注意搭接，以保证房屋的整体性。

③ 非承重隔墙不与承重墙(或柱)同时砌筑时，应沿承重墙(或柱)高每隔 400 mm 在水平灰缝内预埋 ϕ4 mm、横筋间距不大于 200 mm 的钢筋点焊，钢筋网片伸入后砌墙内与伸出墙外均不应小于 600 mm。

④ 对框架结构的填充墙和隔墙，沿墙高每隔 600 mm 应与承重墙(或柱)预埋钢筋(一般为 2ϕ6 mm)或钢筋网片拉接，钢筋伸入墙内不应小于 600 mm。当填充墙砌至顶面最后一皮与上部结构的接触处时，宜用实心小砌块斜砌楔紧。对设计规定的洞口管道沟槽和预埋件等应在砌筑时预留或预埋。

⑤ 拉结钢筋或网片必须放置于灰缝和芯柱内，不得漏放，其外露部分不得随意弯折。

⑥ 空心砌块墙的转角处，纵、横墙砌块应相互搭砌，即纵、横墙砌块均应隔皮端面露头。砌块墙的 T 字交接处，应使横墙砌块隔皮端面露头，为避免出现通缝，纵墙在交接处改砌两块辅助规格小砌块(尺寸为 290 mm×190 mm×190 mm，一端开口)，所有露端面用水泥砂浆抹平，如图 3-2 和图 3-3 所示。

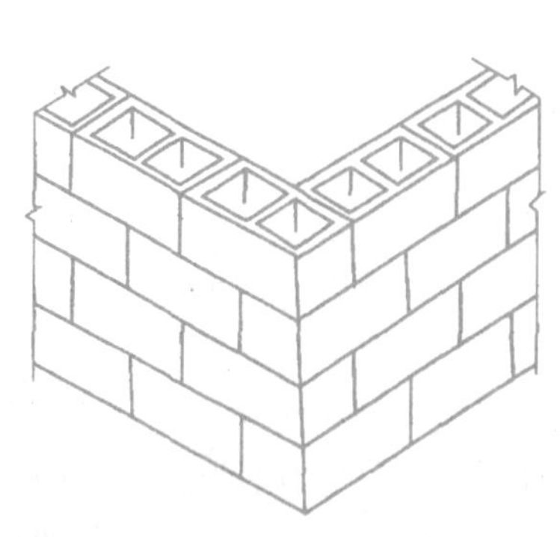

图3-2　混凝土空心砌块墙转角砌法

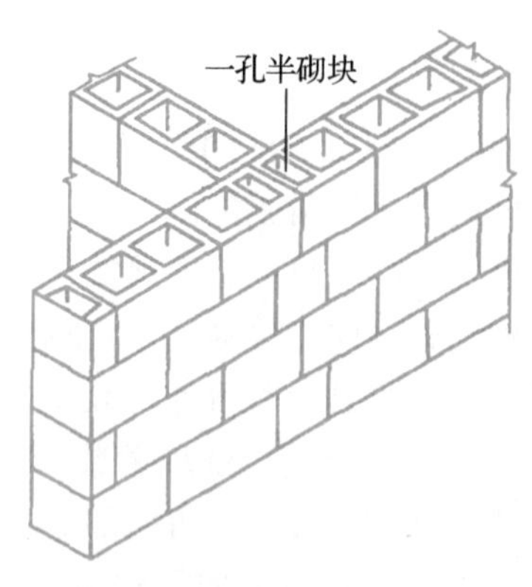

图3-3　混凝土空心砌块墙T字交接处砌法

⑦ 墙转角处和纵横墙交接处应同时砌筑。墙体临时间断处应设在门窗洞口边并砌成斜槎，斜槎长度不应小于其高度的2/3(一般按一步脚手架高度控制)。如留斜槎有困难，除外墙转角处及抗震设防地区墙体临时间断处不应留直槎外，可从墙面伸出砌成阴阳槎，并沿墙高每三皮砌块，设拉结筋或钢筋网片，接槎部位宜延至门窗洞口，如图3-4所示。

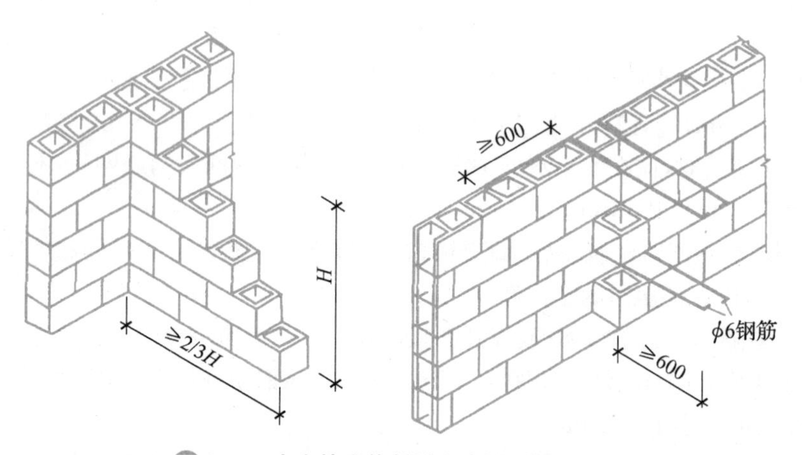

图3-4　小砌块砌体斜槎和直搓(单位:mm)

(6) 在墙体的下列部位，应用C20混凝土填实砌块的孔洞。

① 底层室内地面以下或防潮层以下的砌体。

② 无圈梁的预制楼板支承面下，应采用实心小砌块或用C20混凝土填实一皮砌块。

③ 墙上现浇混凝土圈梁等构件时，必须把将用作梁底模的一皮小砌块孔洞预先填实140 mm高的C20混凝土或采用实心小砌块。

④ 没有设置混凝土垫块的屋架、梁等构件支承面下，高度不应小于600 mm，长度不应小于600 mm的砌体。

⑤ 挑梁支承面下内外墙交接处，距墙中心线每边不应小于300 mm，高度不应小于600 mm的砌体。

(7) 对设计规定的洞口、管道、沟槽和预埋件等应在砌筑时预留或预埋，不得在已砌筑的墙体打洞和凿槽，在小砌块墙体中不得预留水平沟槽。

(8) 水电管线的敷设安装必须按小砌块排列图要求与土建施工的进度密切配合，严禁事后凿槽打洞。

(9) 小砌块砌体砌筑时应采用双排外脚手架或里脚手架，墙体内不宜设脚手眼，如必须设置时可用辅助规格 190 mm×190 mm×190 mm 小砌块侧砌，利用其孔洞作脚手眼，砌体完工后用 C15 混凝土填实。但在墙体下列部位不得设置脚手眼：

① 过梁上与过梁成 60°角的三角形范围及过梁静跨度 1/2 的高度范围内。

② 宽度小于 1 m 的窗间墙。

③ 梁或梁垫下机器左右 500 mm 范围内。

④ 门窗洞口两侧 200 mm 范围内，转角处 450 mm 范围内。

⑤ 设计规定不允许设脚手眼的部位。

(10) 墙体施工段的分段位置宜设在伸缩缝、沉降缝、防震缝、门窗洞口或构造柱处。砌体相邻工作段的高度差不得大于一个楼层或 4 m。

(11) 砌筑高度应根据气温、风压、墙体部位及小砌块材质等不同情况分别控制，普通混凝土小砌块在常温条件下的日砌筑高度控制在 1.8 m 内，轻骨料混凝土小型空心砌块控制在 2.4 m 内。

3.2.3　砌筑注意事项

普通混凝土小砌块不宜浇水。当天气干燥炎热并且气温超过 30℃时，可在砌块上稍加喷水湿润。轻集料混凝土小砌块施工前可洒水，但不宜过多。龄期不足 28 d 及潮湿的小砌块不得进行砌筑。

应尽量采用主规格小砌块，小砌块的强度等级应符合设计要求并应清除小砌块表面污物和芯柱用小砌块孔洞底部的毛边。

砂浆的强度等级和品种必须符合要求，为了砌筑砌块时砂浆易于充满灰缝，尤其是填满竖缝。砂浆应具有良好的和易性、保水性和黏结性。因此，防潮层以上的砌块砌体应采用水泥混合砂浆或专用砂浆砌筑，并宜采取改善砂浆性能的措施，如掺加粉煤灰掺和料及减水剂、保塑剂等外加剂。

砌筑砂浆必须搅拌均匀随拌随用，盛入灰槽盆内的砂浆，如有泌水现象，应在砌筑前重新拌和。水泥砂浆和水泥混合砂浆应分别在拌成后 3 h 和 4 h 内用完。施工期间最高气温超过 30℃，必须分别在 2 h 和 3 h 内用完。砂浆稠度用于普通混凝土小砌块时宜为 50 mm，用于轻骨料混凝土小砌块时宜为 70 mm。混凝土及砌筑砂浆用的水泥、水、骨料、外加剂等必须符合现行国家标准和有关规定。

严禁使用断裂小砌块或壁肋中有竖向凹形裂缝的小砌块砌筑承重墙体。

承重墙体不得采用小砌块与黏土砖等其他块体材料混合砌筑。

需要移动已砌好砌体的小砌块或被撞动的小砌块时，应重新铺浆砌筑小砌块，用于框架填充墙时应与框架中预埋的拉结筋连接。

基础防潮层的顶面，应将污物泥土除尽后方能砌筑上面的砌体。

安装预制梁板时必须先找平，后坐浆，不得合二为一，更不得干铺。

施工中需要在砌体中设置的临时施工洞口，其侧边离交接处的墙面不应小于 600 mm，并在顶部设过梁，填砌施工洞口的砌筑砂浆强度等级应提高一级。

水电安装应按下列措施实施：

(1) 水电管线的敷设安装必须按小砌块排列图要求与土建施工的进度密切配合，严禁事后凿槽打洞。

(2) 水电管线竖向总管应安设于管道井内或楼梯间等部位。

(3) 照明、电信、闭路电视等线路可采用内穿 12 号铁丝白色增强塑料管，预埋于专供水平暗管用的实心带凹槽小砌块内，也可敷设于圈梁模板内侧或现浇混凝土楼板（屋面板）中。竖向管线随墙体砌筑应预埋在小砌块孔洞内。管线出口处应用 U 形小砌块(190 mm×190 mm×190 mm)竖砌，内埋开关、插座及接线盒等配件，四周用水泥砂浆填实。

(4) 冷热水水平管可用实心带凹槽的小砌块进行敷设。等管道试水验收合格，用 C20 混凝土浇灌封闭。

(5) 污水管、粪便管等下水管道无论主管或水平管均宜明管安设。

(6) 电表箱、电话箱、水表箱、煤气表箱、闭路电视铁盒及信报箱等均应按设计图位置与尺寸要求在砌筑墙体时预留位置。

门窗安装应按下列措施实施：

(1) 木门框与小砌块墙体连接可在单孔小砌块(190 mm×190 mm×190 mm)孔洞内埋入满涂沥青的楔形木砖块，四周用 C20 混凝土填实。砌筑时，应将显露木砖的一面砌于门洞两侧上、中、下部位各 3 块，木门框即钉设木砖上。

(2) 铝合金门窗框安装可将连接框外侧锚固板的另一端用射钉固定在墙体洞口侧壁。锚固板间距不应大于 500 mm，固定方向宜内外交错布置。带型窗、大型窗的安装应在洞口侧壁按 1 000 mm 间距砌入预先埋设铁件的实心小砌块(190 mm×190 mm×190 mm)，窗顶与窗台也应设置铁件。门窗框拼接部位的角钢或槽钢应与四周埋件焊接固定。

(3) 塑料门窗框安装应插入框外侧的专用锚固铁件用射钉或膨胀螺丝固定在墙上，也可采用直接固定法将埋有木砖的实心小砌块（190 mm×190 mm×190 mm）按门窗高度上、中、下部位分别砌入洞口两侧，再用木螺钉穿过门窗框与预埋木砖直接连接；或用 150 mm 长铝合金条用抽芯铆钉与门窗框背部连接。铝合金条间距 500 mm，两端部应用射钉弹与墙体固定。

(4) 门窗洞口两侧的小砌块孔洞灌填 C20 混凝土，其门窗与墙体的连接方法可按实心混凝土墙体施工。

小砌块墙体两次装修与卫生设备安装等凿洞宜用冲击钻成孔，孔径不得大于 120 mm，上下左右孔距至少应相隔一块以上的小砌块。严禁在外墙、纵墙承重墙沿水平方向凿长槽。竖向凿槽高度不得大于 1 000 mm。安装完毕，所有洞槽须用 1∶2 水泥砂浆填实封闭。

3.2.4　芯柱施工与圈梁设置

芯柱是按设计要求设置在小型混凝土空心砌块墙的转角处和交接处，在这些部位的砌块孔洞中浇入素混凝土，称素混凝土芯柱；插入钢筋并浇入混凝土而形成钢筋混凝土芯柱。设置钢筋混凝土芯柱是提高多层砌体房屋抗震能力的一种重要措施，为此在《建筑抗震设计规范》中都有具体的规定，施工中应尤加注意，以保证房屋的抗震性能。

1. 芯柱的构造与施工工艺

(1) 芯柱的设置部位

墙体的下列部位宜设置芯柱：

① 在外墙转角、楼梯间四角的纵横墙交接处的三个孔洞，宜设置素混凝土芯柱；

② 五层及五层以上的房屋，应在上述部位设置钢筋混凝土芯柱。

在 6～8 度抗震设防的建筑物中，应按芯柱位置要求设置钢筋混凝土芯柱；对医院、教学楼等横墙较少的房屋，应根据房屋增加一层的层数，按表 3－7 的要求设置芯柱。

表 3－7　抗震设防区小砌块房屋芯柱设置要求

<table>
<tr><th colspan="3">房屋层数</th><th rowspan="2">设置部位</th><th rowspan="2">设置数量</th></tr>
<tr><th>6 度</th><th>7 度</th><th>8 度</th></tr>
<tr><td>四、五</td><td>三、四</td><td></td><td>外墙转角，楼梯间四角；大房间内外墙交接处；隔 15 m 或单元横墙与外纵墙交接处</td><td rowspan="2">外墙转角，灌实 3 个孔；内外墙交接处，灌实 4 个孔</td></tr>
<tr><td>六</td><td>五</td><td>四</td><td>外墙转角，楼梯间四角；大房间内外墙交接处，山墙与内纵墙交接处，隔开间横墙(轴线)与外纵墙交接处</td></tr>
<tr><td>七</td><td>六</td><td>五</td><td>外墙转角，楼梯间四角；各内墙(轴线)与外纵墙交接处；8 度、9 度时，内纵墙与横墙(轴线)交接处和洞口两侧</td><td>外墙转角，灌实 5 个孔；内外墙交接处，灌实 4 个孔；内墙交接处，灌实 4～5 个孔；洞口两侧各灌实 1 个孔</td></tr>
<tr><td></td><td>七</td><td>六</td><td>同上；横墙内芯柱间距不宜大于 2 m</td><td>外墙转角，灌实 7 个孔；内外墙交接处，灌实 5 个孔；内墙交接处，灌实 4～5 个孔；洞口两侧各灌实 1 个孔</td></tr>
</table>

注：外墙转角、内外墙交接处、楼电梯间四角等部位，应允许采用钢筋混凝土构造柱替代部分芯柱。芯柱截面不宜小于 120 mm×120 mm。芯柱应伸入室外地面下 500 mm 或与埋深小于 500 mm 的基础圈梁相连。替代芯柱的构造柱最小截面为 190 mm×190 mm。

(2) 芯柱的构造要求

芯柱截面不宜小于 120 mm×120 mm，宜用不低于 C20 的细石混凝土浇灌。钢筋混凝土芯柱每孔内插竖筋不应小于 1ϕ10 mm，底部应伸入室内地面下 500 mm 或与基础圈梁锚固,顶部与屋盖圈梁锚固。

芯柱应沿房屋的全高贯通,并与各层圈梁整体现浇,可采用图 3-5 所示的做法。

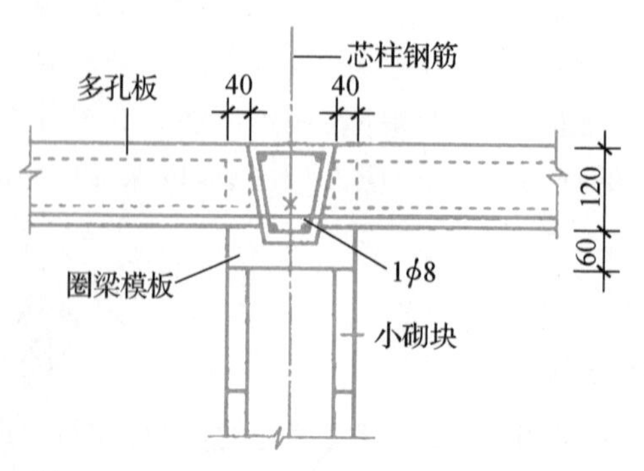

图3-5 芯柱贯穿楼板的构造(单位:mm)

在钢筋混凝土芯柱处,沿墙高每隔 600 mm 应设 ϕ4 mm 钢筋网片拉结,每边伸入墙体不小于 600 mm,如图 3-6 所示。

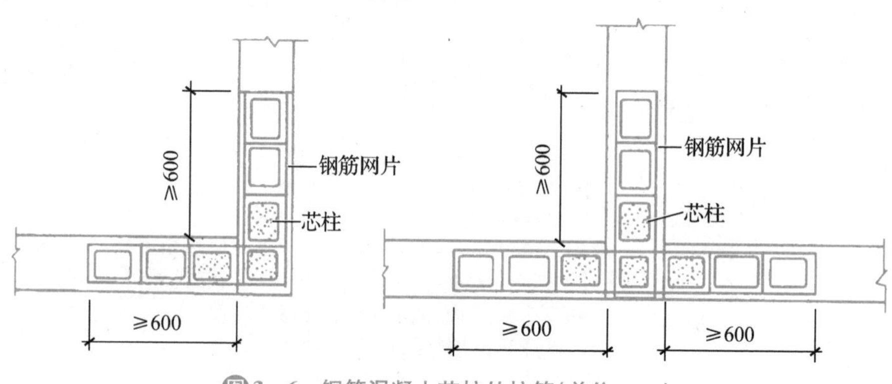

图3-6 钢筋混凝土芯柱处拉筋(单位:mm)

(3) 替代芯柱的钢筋混凝土构造柱的构造要求

构造柱最小截面可采用 190 mm×190 mm,纵向钢筋宜采用 4ϕ12 mm,筋筋间距不宜大于 250 mm,且在柱上下端宜适当加密;7 度时超过 5 层、8 度时超过 4 层和 9 度时,构造柱纵向钢筋宜采用 4ϕ14 mm,箍筋间距不应大于 200 mm;外墙转角的构造柱可适当加大截面及配筋。

构造柱与砌块墙连接处应砌成马牙槎,与构造柱相邻的砌块孔洞,6 度时宜填实,7 度时应填实,8 度时应填实并插筋;沿墙高每隔 600 mm 应设拉结钢筋网片,每边伸入墙内不宜小于 1 m。构造柱与圈梁连接处,构造柱的纵筋应穿过圈梁,保证构造柱纵筋上下贯通。构造柱可不单独设置基础,但应伸入室外地面下 500 mm,或与埋深小于 500 mm 的基础圈梁相连。

(4)芯柱混凝土的施工工艺

清除芯孔内杂物→放芯柱钢筋→从底部开口砌块绑扎钢筋→用水冲洗芯孔→封闭底

部砌块的开口→孔底浇适量素水泥浆→定量浇灌芯柱混凝土→振捣芯柱混凝土。

芯柱部位宜采用不封底的通孔小砌块，当采用半封底小砌块时，砌筑前必须打掉孔洞毛边。在楼(地)面砌筑第一皮小砌块时，在芯柱部位，应采用开口小砌块或U形小砌块砌筑，以砌出操作孔，在操作孔侧面宜预留连通孔，必须清除芯柱孔洞内的杂物及削掉孔内凸出的砂浆，用水冲洗干净，校正钢筋位置并绑扎或焊接固定后，方可浇灌混凝土。

芯柱钢筋应与基础或基础梁中的预埋钢筋连接，上下楼层的钢筋可在楼板面上搭接，搭接长度不应小于40d(d为钢筋直径)。

砌完一个楼层高度后，应连续浇灌芯柱混凝土。每浇灌400～500 mm高度捣实一次，或边浇灌边捣实。浇灌混凝土前，先注入适量水泥砂浆；严禁灌满一个楼层后再捣实，宜采用插入式混凝土振动器捣实；混凝土坍落度不应小于50 mm。砌筑砂浆强度达到1.0 MPa以上方可浇灌芯柱混凝土。芯柱施工中应设专人检查，对混凝土灌入量认可之后方可继续施工。

如采用槽形小砌块作圈梁模壳时，其底部必须留出芯柱通过的孔洞，楼板在芯柱部位应留缺口保证芯柱贯通。

浇捣后的芯柱混凝土上表面应低于最上一皮砌块表面(上口)50～80 mm，以使圈梁与芯柱交接处形成一个暗键或上下层混凝土得以结合密实，加强抗震能力。

2. 圈梁设置要求

小砌块房屋的现浇钢筋混凝土圈梁应按表3-8的要求设置，圈梁宽度不应小于190 mm，配筋不应少于4ϕ12 mm，箍筋间距不应大于200 mm。

表3-8 小砌块房屋的现浇钢筋混凝土圈梁设置要求

墙类	设置部位
外墙和内纵墙	屋盖处及每层楼盖处
内横墙	屋盖处及每层楼盖处；屋盖处沿所有横墙；楼盖处间距不应大于7 m；构造柱对应部位

3.3 配筋砌块砌体施工

【学习目标】

(1) 熟悉配筋砌块剪力墙和柱的构造要求。

(2) 掌握配筋砌块施工中钢筋的操作要点。

【关键概念】

配筋砌块砌体、配筋砌块砌体剪力墙、配筋砌块砌体连梁

为了提高砌体的强度，减小砌体截面尺寸，增强砌体结构的整体性，可在砌体内配置

适量的钢筋或钢筋混凝土，形成配筋砌体。配筋砌体可分为配筋砖砌体和配筋砌块砌体。在砖墙砌体中配上构造柱和圈梁就是一种最常用且典型的配筋砖砌体。配筋砌块砌体可分为约束配筋砌块砌体和均匀配筋砌块砌体。

约束配筋砌块砌体是仅在砌块墙体的转角、接头部位及较大洞口的边缘沿上下贯通的竖向孔洞中设置竖向钢筋，用灌孔混凝土灌实，形成配筋砌块柱，并在这些部位设置一定数量的钢筋网片，主要用于中、低层建筑。

均匀配筋砌块砌体是在砌块墙体上下贯通的竖向孔洞中插入竖向钢筋，并用灌孔混凝土灌实，使竖向和水平钢筋与砌体形成一个共同工作的整体，故又称配筋砌块剪力墙，可用于大开间建筑和中高层建筑。配筋砌块剪力墙的受力性能类似于钢筋混凝土剪力墙，抗震性能好，而且造价低。

配筋砌体不仅加强了砌体的各种强度和抗震性能，还扩大了砌体结构的使用范围。比如高强混凝土砌块，通过配筋与浇筑灌孔混凝土而作为承重墙体，可砌筑 10～20 层的建筑物，而且相对于钢筋混凝土结构具有不需要支模、不需再做贴面处理及耐火性能更好等优点。

3.3.1　配筋砌块剪力墙的构造要求

1. 材料强度等级

强度等级应符合下列规定：

(1) 砌块不应低于 MU10。

(2) 砌筑砂浆不应低于 Mb7.5。

(3) 灌孔混凝土不应低于 Cb20。

(4) 当安全等级为一级或设计使用年限大于 50 年的配筋砌块砌体房屋，所使用材料的最低强度等级应至少提高一级。

2. 配筋砌块剪力墙连梁构造要点

配筋砌块砌体剪力墙的厚度、连梁截面宽度不应小于 190 mm。

(1) 砌块砌体连梁的构造规定

连梁的高度不应小于两皮砌块的高度和 400 mm。连梁采用 H 形砌块或凹槽砌块组砌，孔洞应全部浇灌混凝土。连梁的上下水平受力钢筋宜对称、通长设置，在灌孔砌体内的锚固长度不应小于 $35d$ 和 400 mm。连梁水平受力钢筋的含钢率不宜小于 0.2%，也不宜大于 0.8%。连梁的箍筋的直径不应小于 6 mm，间距不宜大于 1/2 梁高和 600 mm。在距支座等于梁高范围内的箍筋间距不应大于 1/4 梁高，距支座表面第 1 根箍筋的间距不应大于 100 mm。

箍筋的面积配筋率不宜小于 0.15%。箍筋宜为封闭式，双肢箍末端弯钩为 135°，单肢箍末端的弯钩为 180°，或弯钩 90°加 12 倍箍筋直径的延长段。

(2) 钢筋混凝土连梁的构造规定

连梁混凝土的强度等级不宜低于同层墙体块体强度等级的 2 倍，或同层墙体灌孔混凝土的强度等级不应低于C20级。其他的构造符合《混凝土结构设计规范》(GB 50010—2010)有关规定要求。

3. 配筋砌块砌体剪力墙配筋要求

配筋砌块砌体剪力墙的构造配筋应符合下列规定：

(1) 应在墙的转角、端部和孔洞的两侧配置竖向连接的钢筋，钢筋的直径不宜小于12 mm。

(2) 应在洞口的底部和顶部设置不小于2ϕ10的水平钢筋，其深入墙内的长度不宜小于35d和400 mm。

(3) 应在楼(屋)盖的所有纵横墙处设置现浇钢筋混凝土圈梁，圈梁的宽度和高度宜等于墙厚和砌块高。圈梁的主筋不应少于4ϕ10；圈梁的混凝土强度等级不宜低于同层混凝土块体强度等级的2倍，或该层灌孔混凝土的强度等级不应低于C20。

(4) 剪力墙其他部位的竖向和水平钢筋的间距不应大于墙长与墙高之半，不应大于1 200 mm。对局部灌孔的砌体，竖向钢筋的间距不应大于600 mm。

4. 配筋砌块窗间墙构造要求

按壁式框架设计的配筋砌块窗间墙、窗间墙的截面、墙宽不应小于800 mm，也不宜大于2 400 mm；墙净高与墙宽之比不宜大于5。

窗间墙中的竖向钢筋：每片窗间墙中沿截面全高不应少于4根钢筋，沿墙的全截面应配置足够的抗弯钢筋；竖向钢筋的含钢率不宜小于0.2%，也不宜大于0.8%。

窗间墙中的水平分布钢筋，应在墙端部纵向钢筋处弯180°标准钩，或等效的锚固措施；分布钢筋间距，在距梁底边倍墙宽范围内不应大于1/4墙宽，其余部位不应大于1/2墙宽；水平分布钢筋的配筋率不宜大于0.15%。

5. 配筋砌块砌体剪力墙边缘构件设置要求

(1) 剪力墙端砌体作为边缘构件的规定

应在距墙端至少3倍墙厚范围的孔中设置不小于HRB 300级直径12的通长竖向钢筋。当剪力墙端部设计压应力大于0.8f_g时(f_g为灌孔砌体抗压强度设计值)，应设置间距不大于200 mm、直径不小于6 mm的水平钢箍，该水平钢箍宜设置在灌孔混凝土中。

(2) 剪力墙端设置混凝土柱作为边缘构件的规定

柱的截面宽度等于墙厚，长度宜为1～2倍的墙厚，并不应小于200 mm。柱的混凝土强度等级不宜低于该墙体块体强度等级的2倍，或该墙体灌孔混凝土的强度等级不应低于Cb20级。柱的竖向钢筋不宜小于4ϕ12，箍筋宜为ϕ6，间距为200 mm。墙体中的水平钢筋应在柱中锚固，并应满足钢筋的锚固要求。

柱的施工顺序宜为先砌砌块墙体，后浇混凝土。

3.3.2 配筋砌块柱的构造要求

配筋砌块砌体柱的构造如图3-7所示。

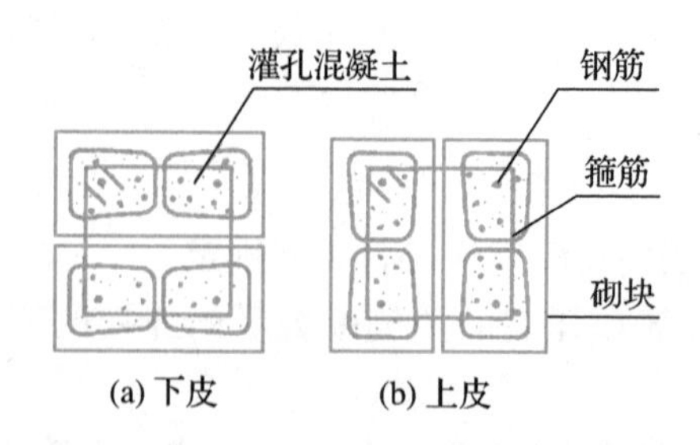

图3-7 配筋砌块砌体柱截面示意

具体构造要求如下：

(1) 材料强度等级应符合《砌体结构工程施工质量验收规范》(GB 50203—2011)的规定。

(2) 柱截面边长不宜小于 400 mm，柱高度与截面短边之比不宜大于 30。

(3) 柱的纵向钢筋的直径不宜小于 12 mm，数量不应少于 4 根，全部纵向受力钢筋的配筋率不宜小于 0.2%。

(4) 柱中箍筋的设置应根据下列情况确定：

① 当纵向钢筋的配筋率大于 0.25%，且柱承受的轴向力大于受压承载力设计值的 25%时，柱应设箍筋；当配筋率≤0.25%时，或柱承受的轴向力小于受压承载力设计值的 25%时，柱中可不设置箍筋。

② 箍筋直径不宜小于 6 mm。

③ 箍筋的间距不应大于 16 倍的纵向钢筋直径、48 倍箍筋直径及柱截面短边尺寸中较小者。

④ 箍筋应封闭，端部应弯钩。

⑤ 箍筋应设置在灰缝或灌孔混凝土中。

3.3.3 配筋砌块砌体施工要点

配筋砌块砌体施工前，应按设计要求，将所配置钢筋加工成型，堆置于配筋部位的近旁。砌块的砌筑应与钢筋设置互相配合。砌块的砌筑应采用专用的小砌块砌筑砂浆和专用的小砌块灌孔混凝土。

钢筋的规格应符合下列规定：

(1) 钢筋的直径不宜大于 25 mm，当设置在灰缝中时不应小于 4 mm。

(2) 配置在孔洞或空腔中的钢筋面积不应大于孔洞或空腔面积的 6%。

钢筋直径大于 22 mm 时宜采用机械连接接头，其他直径的钢筋可采用搭接接头，并应符合下列要求：

(1) 钢筋的接头位置宜设置在受力较小处。

(2) 受拉钢筋的搭接接头长度不应小于 $1.1l_a$(l_a 为钢筋锚固长度)，受压钢筋的搭接接头长度不应小于 $0.7l_a$，但不应小于 300 mm。

(3) 当相邻接头钢筋的间距不大于 75 mm 时，其搭接长度应为 $1.2l_a$；当钢筋间的接头错开 20d 时(d 为钢筋直径)，搭接长度可不增加。

钢筋在灌孔混凝土中的锚固应符合下列规定：

(1) 当计算中充分利用竖向受拉钢筋强度时，HRB 335 级钢筋的锚固长度 l_a 不宜小于 30d，HRB 400 和 RRB 400 级钢筋的锚固长度 l_a 不宜小于 35d。在任何情况下钢筋(包括钢丝)锚固长度不应小于 300 mm。

(2) 竖向受拉钢筋不宜在受拉区截断，如必须截断时，应延伸至正截面受弯承载力计算不需要该钢筋的截面以外，延伸的长度不应小于 20d。

(3) 竖向受压钢筋在跨中截断时，必须延伸至按计算不需要该钢筋的截面以外，延伸的长度不应小于 20d；对绑扎骨架中末端无弯钩的钢筋，不应小于 25d。

(4) 钢筋骨架中的受力光面钢筋应在钢筋末端作弯钩，在焊接骨架、焊接网以及轴心受压构件中，可不做弯钩；绑扎骨架中的受力变形钢筋，在钢筋的末端可不做弯钩。

水平受力钢筋(网片)的锚固和搭接长度应符合下列规定：

(1)在凹槽砌块混凝土带中，钢筋的锚固长度不宜小于 30d，且其水平或垂直弯折段的长度不宜小于 15d 和 200 mm；钢筋的搭接长度不宜小于 35d。

(2)在砌体水平灰缝中，钢筋的锚固长度不宜小于 50d，且其水平或垂直折段的长度不宜小于 20d 和 150 mm；钢筋的搭接长度不宜小于 55d。

(3)在隔皮或错缝搭接的灰缝中为 $50d+2h$(d 为灰缝受力钢筋的直径；h 为水平灰缝的间距)。

钢筋的最小保护层厚度应符合下列要求：

(1) 灰缝中钢筋外露砂浆保护层不宜小于 15 mm。

(2) 位于砌块孔槽中的钢筋保护层，在室内正常环境不宜小于 20 mm，在室外或潮湿环境不宜小于 30 mm。

3.4　混凝土小型空心砌块砌体工程质量标准与检验方法

【学习目标】

熟悉混凝土小型空心砌块砌体工程质量验收的主控项目和一般项目。

【关键概念】

主控项目、一般项目

混凝土小型空心砌块砌体工程质量验收

3.4.1　一般规定

施工前，应按房屋设计图编绘小砌块平、立面排块图，施工中应按排块图施工。施工采用的小砌块的产品龄期不应小于 28 d。

砌筑小砌块时，宜选用专用小砌块砌筑砂浆，并应清除表面污物，剔除外观质量不合格的小砌块。

底层室内地面以下或防潮层以下的砌体，应采用强度等级不低于 C20(或 Cb20)的混凝土灌实小砌块的孔洞。

砌筑普通混凝土小型空心砌块砌体，不需对小砌块浇水湿润，如遇天气干燥炎热，宜在砌筑前对其喷水湿润；对轻骨料混凝土小砌块，应提前浇水湿润，块体的相对含水率宜为40%～50%。雨天及小砌块表面有浮水时，不得施工。

承重墙体使用的小砌块应完整、无破损、无裂缝。小砌块墙体应孔对孔、肋对肋错缝搭砌。单排孔小砌块的搭接长度应为块体长度的1/2；多排孔小砌块的搭接长度可适当调整，但不宜小于小砌块长度的1/3，且不应小于90 mm。墙体的个别部位不能满足上述要求时，应在灰缝中设置拉结钢筋或钢筋网片，但竖向通缝仍不得超过两皮小砌块。

小砌块应将生产时的底面朝上反砌于墙上。小砌块墙体宜逐块坐(铺)浆砌筑。在散热器、厨房和卫生间等设备的卡具安装处砌筑的小砌块，宜在施工前用强度等级不低于C20(或Cb20)的混凝土将其孔洞灌实。每步架墙(柱)砌筑完后，应随即刮平墙体灰缝。

芯柱处小砌块墙体砌筑应符合下列规定：

(1) 每一楼层芯柱处第一皮砌块应采用开口小砌块。

(2) 砌筑时应随砌随清除小砌块孔内的毛边，并将灰缝中挤出的砂浆刮净。

芯柱混凝土宜选用专用小砌块灌孔混凝土。浇筑芯柱混凝土应符合下列规定：

(1) 每次连续浇筑的高度宜为半个楼层，但不应大于1.8 m。

(2) 浇筑芯柱混凝土时，砌筑砂浆强度应大于1 MPa。

(3) 清除孔内掉落的砂浆等杂物，并用水冲淋孔壁。

(4) 浇筑芯柱混凝土前，应先注入适量与芯柱混凝土成分相同的去石砂浆。

(5) 每浇筑400～500 mm高度捣实一次，或边浇筑边捣实。

小砌块复合夹心墙的砌筑应符合以下规定：

(1) 墙体砌筑时，应采取措施防止空腔内掉落砂浆和杂物。

(2) 拉结件设置应符合设计要求，拉结件在叶墙上的搁置长度不应小于叶墙厚度的2/3，并不应小于60 mm。

(3) 保温材料品种及性能应符合设计要求。保温材料的浇注压力不应对砌体强度、变形及外观质量产生不良影响。

3.4.2 主控项目

(1) 小砌块和芯柱混凝土、砌筑砂浆的强度等级必须符合设计要求。

抽检数量：每一生产厂家，每1万块小砌块为一验收批，不足1万块按一批计，抽检数量为一组；用于多层建筑的基础和底层的小砌块抽检数量不应少于两组。砂浆试块每一检验批且不超过250 m^3砌体的各种类型及强度等级的砌筑砂浆，每台搅拌机应至少抽检一次。

检验方法：检查小砌块和芯柱混凝土、砌筑砂浆试块试验报告。

(2) 砌体水平灰缝和竖向灰缝饱满度，按净面积计算不得低于90%。

抽检数量：每检验批不应少于5处。

检验方法：用专用百格网检测小砌块与砂浆黏结痕迹，每处检测3块小砌块，取其平均值。

(3) 墙体转角处和纵横墙交接处应同时砌筑。临时间断处应砌成斜槎，斜槎水平投影长度不应小于斜槎高度。施工洞口可预留直槎，但在洞口砌筑和补砌时，应在直槎上下搭砌的小砌块孔洞内用强度等级不低于C20(或Cb20)的混凝土灌实。

抽检数量：每检验批抽查不应少于5处。

检验方法：观察检查。

(4) 小砌块砌体的芯柱在楼盖处应贯通，不得削弱芯柱截面尺寸；芯柱混凝土不得漏灌。

抽检数量：每检验批抽查不应少于5处。

检验方法：观察检查。

3.4.3　一般项目

(1) 砌体的水平灰缝厚度和竖向灰缝宽度宜为10 mm，但不应小于8 mm，也不应大于12 mm。

抽检数量：每检验批抽查不应少于5处。

检验方法：水平灰缝厚度用尺量5皮小砌块的高度折算；竖向灰缝宽度用2 m砌体长度折算。

(2) 小砌块砌体尺寸、位置允许偏差应符合表2-25的规定。

思考题

1. 普通混凝土小型空心砌块的主规格尺寸是多少？
2. 如何绘制砌块排列图？
3. 简述混凝土小型空心砌块的施工要点与注意事项。
4. 芯柱设置在什么部位？构造要求有哪些？
5. 配筋砌块砌体剪力墙的构造要求有哪些？
6. 混凝土小型空心砌块砌体工程的验收标准是什么？

第4章 填充墙砌体工程

引言

在钢筋混凝土框架结构中，围护结构是在混凝土框架结构施工完成后再填充砌筑的，故被称为填充墙。在短肢剪力墙结构中，也有类似的填充墙。填充墙的砌筑材料与承重墙体相比，有何不同？填充墙与主体结构如何连接？填充墙在施工中有哪些要点？质量评定和验收的标准是什么？本单元将一一细述，教你掌握填充墙的构造、施工与验收。

学习目标

通过本单元的学习，你将能够：

(1) 掌握填充墙砌体常用的块材与砂浆类型。

(2) 掌握填充墙与主体结构脱开与不脱开两种构造形式。

(3) 掌握填充墙砌体施工要点。

(4) 熟悉填充墙砌体工程质量验收标准。

《建筑抗震设计规范》(GB 50011—2010)对填充墙等非承重墙的构造要求有如下规定：非承重墙体宜优先选用轻质墙体材料；采用砌体墙时，应采取措施减少对主体结构的不利影响，并应设置拉结筋、水平系梁、圈梁、构造柱等与主体结构可靠拉结。

4.1 填充墙砌筑材料

填充墙砌筑材料

【学习目标】

(1) 掌握加气混凝体砌块的材料特性。

(2) 掌握加气混凝土砌块干法砌筑砂浆的特点。

【关键概念】

蒸压加气混凝土砌块、干法砌筑、干法砌筑砂浆

4.1.1 块体材料

填充墙常用的砌筑材料有烧结空心砖、粉煤灰砌块、加气混凝土砌块等。填充墙砌筑严禁使用实心黏土砖。

1. 烧结空心砖

烧结空心砖是以页岩、煤矸石、粉煤灰或黏土为主要原料，经焙烧而成后主要用于建筑物非承重部位。烧结空心砖的孔洞率≥35%，外形为矩形体，在与砂浆的接合面上应设有增加结合力的深度1 mm以上的凹线槽，如图4-1所示。

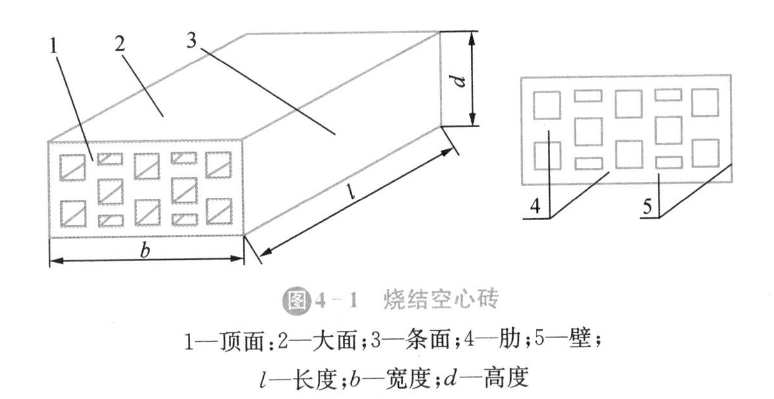

图4-1 烧结空心砖

1—顶面；2—大面；3—条面；4—肋；5—壁；
l—长度；*b*—宽度；*d*—高度

烧结空心砖和砌块的长度、宽度、高度尺寸的模数为：390，290，240，190，180(175)，140，115，90(mm)。常用的烧结空心砖的规格尺寸为：

(1) 290 mm×190(140) mm×90 mm。

(2) 240 mm×180(175) mm×115 mm。

烧结空心砖抗压强度分为MU10.0、MU7.5、MU5.0、MU3.5、MU2.5共五个强度级别。体积密度分为800、900、1 000、1 100(kg/m^3)四个密度级别。强度、密度、抗风化性能和放射性物质合格的砖和砌块，根据尺寸偏差、外观质量、孔洞排列及其结构、泛霜、石灰爆裂、吸水率分为优等品(A)、一等品(B)和合格品(C)三个质量等级。

烧结空心砖的技术要求

2. 粉煤灰砌块

粉煤灰砌块以粉煤灰、石灰、石膏和轻集料为原料，加水搅拌、振动成型、蒸汽养护而成的密实砌块。

粉煤灰砌块的主规格外形尺寸为880 mm×380 mm×240 mm，880 mm×430 mm×240 mm，生产其他规格砌块可由供需双方协商确定。砌块端面应加灌浆槽，坐浆面宜设抗剪槽。

粉煤灰砌块的强度等级按其立方体试件的抗压强度分为MU10级和MU13级。

粉煤灰砌块按其外观质量、尺寸偏差和干缩性能分为一等品(B)和合格品(C)。技术要求如下：

(1) 砌块的外观质量和尺寸偏差应符合表4-1所列规定。

表 4-1　粉煤灰砌块的外观质量和尺寸允许偏差

<table>
<tr><th colspan="3" rowspan="2">项　目</th><th colspan="2">指　标</th></tr>
<tr><th>一等品(B)</th><th>合格品(C)</th></tr>
<tr><td rowspan="10">外观质量</td><td colspan="2">表面疏松</td><td colspan="2">不允许</td></tr>
<tr><td colspan="2">贯穿面棱的裂缝</td><td colspan="2">不允许</td></tr>
<tr><td colspan="2">任一面上的裂缝长度不得大于裂缝方向砌块尺寸</td><td colspan="2">1/3</td></tr>
<tr><td colspan="2">石灰团、石膏团</td><td colspan="2">直径大于 5 mm 的不允许</td></tr>
<tr><td colspan="2">粉煤灰团、空洞和爆裂</td><td>直径大于 30 mm 的不允许</td><td>直径大于 50 mm 的不允许</td></tr>
<tr><td colspan="2">局部空起高度不大于/mm</td><td>10</td><td>15</td></tr>
<tr><td colspan="2">翘曲不大于/mm</td><td>6</td><td>8</td></tr>
<tr><td colspan="2">缺棱掉角在长、宽、高三个方向上投影的最大值不大于/mm</td><td>30</td><td>50</td></tr>
<tr><td rowspan="2">高低差/mm</td><td>长度方向</td><td>6</td><td>8</td></tr>
<tr><td>宽度方向</td><td>4</td><td>6</td></tr>
<tr><td colspan="2" rowspan="3">尺寸允许偏差/mm</td><td>长度</td><td>+4,−6</td><td>+5,−10</td></tr>
<tr><td>高度</td><td>+4,−6</td><td>+,−10</td></tr>
<tr><td>宽度</td><td>±3</td><td>±5</td></tr>
</table>

(2) 砌块的立方体抗压强度、碳化后强度、抗冻性能和密度应符合表 4-2 所列规定。

表 4-2　粉煤灰砌块的立方体抗压强度、碳化后强度、抗冻性能和密度

<table>
<tr><th rowspan="2">项　目</th><th colspan="2">指　标</th></tr>
<tr><th>10 级</th><th>13 级</th></tr>
<tr><td>抗压强度/MPa</td><td>3 块试件平均值不小于 10.0,单块最小值 8.0</td><td>3 块试件平均值不小于 13.0,单块最小值 10.5</td></tr>
<tr><td>人工碳化后强度/MPa</td><td>不小于 5.0</td><td>不小于 7.5</td></tr>
<tr><td>抗冻性</td><td colspan="2">冻融循环结束后,外观无明显疏松、剥落或裂缝,强度损失不大于 20%</td></tr>
<tr><td>密度/(kg/m^3)</td><td colspan="2">不超过设计密度 10%</td></tr>
</table>

3. 蒸压加气混凝土砌块

蒸压加气混凝土砌块的生产原料为硅、钙材料,如水泥、石灰、粉煤灰、砂等,以铝粉为发泡剂,经过磨细、配料、搅拌、预养、切割,经高温高压养护制成,因而轻质多孔,如图4-2 所示。

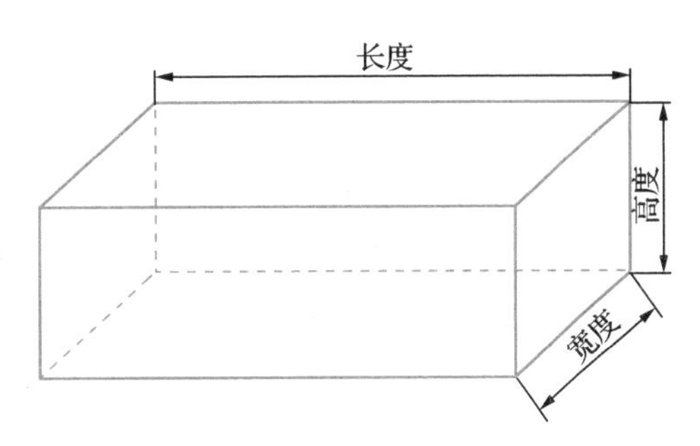

图 4-2　蒸压加气混凝土砌块

加气混凝土和普通混凝土、泡沫混凝土相比，在建筑应用中有以下特点：

(1) 密度小。加气混凝土的孔隙率一般在 70%～80%，其中由铝粉发气形成的气孔占 40%～50%，由水分形成的气孔占 20%～40%。大部分气孔孔径为 0.5～2.0 mm，平均孔径为 1 mm 左右。由于这些气孔的存在，通常密度为 400～700 kg/m^3，比普通混凝土轻 3/5～4/5。

(2) 具有结构材料必要的强度。材料的强度和密度通常是呈正比关系，加气混凝土也有此性质。以体积密度 500～700 kg/m^3 的制品来说，一般强度为 2.5～6.0 MPa，具备作为结构材料必要的强度条件，这是泡沫混凝土所不及的。

(3) 弹性模量和徐变较普通混凝土小。加气混凝土的弹性模量（0.147×10^4～0.245×10^4 MPa）只及普通混凝土（1.96×10^4 MPa）的 1/10，因此在同样荷载下，其变形比普通混凝土大。加气混凝土的徐变系数(0.8～1.2)比普通混凝土的徐变系数(1～4)小，所以在同样受力状态下，其徐变系数比普通混凝土要小。

(4) 耐火性好。加气混凝土是不燃材料，在受热至 80～100℃以上时，会出现收缩和裂缝，但在 70℃以前不会损失强度，并且不散发有害气体，耐火性能卓越。

(5) 隔热保温性能好。和泡沫混凝土一样，加气混凝土具有隔热保温性能好的优点，它的导热系数为 0.116～0.212 W/(m·K)。

(6) 隔声性能较好。加气混凝土的吸声能力（吸声系数为 0.2～0.3）比普通混凝土要好，但隔声能力因受质量定律支配，和质量成正比，所以加气混凝土要比普通混凝土差，但比泡沫混凝土要好。

(7) 耐久性好。加气混凝土的长期强度稳定比泡沫混凝土好，但它的抗冻性和抗风化性比普通混凝土差，所以在使用中要有必要的处理措施。

(8) 易加工。加气混凝土可锯、可刨、可切、可钉、可钻。

(9) 干收缩性能满足建筑要求。加气混凝土的干燥收缩标准值为不大于 0.5 mm/m[温度 20℃，相对湿度(43%±2%)]，如果含水率降低，干燥收缩值也相应减少，所以只要在砌墙时控制含水率在 15%以下，砌体的收缩值就能满足建筑要求。

(10) 施工效率高。在同样重量的条件下，加气混凝土的块型大，施工速度就快。在同样块型条件下，加气混凝土比普通混凝土要轻，可以不用大的起重设备，砌筑费用少。

加气混凝土制品的上述特点,使之适用于下面一些场合:

(1) 高层框架混凝土建筑。多年的实践证明,加气混凝土在高层框架混凝土建筑中的应用是经济合理的,特别是用砌块砌筑内外墙已普遍得到社会的认同。

(2) 抗震地区建筑。由于加气混凝土自重轻,其建筑的地震力就小,对抗震有利。和砖混建筑相比,同样的建筑、同样的地震条件下,震害程度相差一个地震设计设防级别。如砖混建筑要达 7 度设防才不会被破坏,而加气混凝土建筑只达 6 度设防就不会被破坏。

(3) 严寒地区建筑。加气混凝土的保温性能好,200 mm 厚墙的保温效果相当于 490 mm 厚砖墙的保温效果,因此它在寒冷地区的建筑经济效果突出,所以具有一定的市场竞争力。

(4) 软质地基建筑。在相同地基条件下,加气混凝土建筑的层数可以增多,对经济有利。

加气混凝土主要缺点是收缩大,弹性模量低,怕冻害。因此,加气混凝土不适合下列场合:温度大于 80℃的环境;有酸、碱危害的环境;长期潮湿的环境;特别是在寒冷地区尤应注意。

蒸压加气混凝土砌块的常用规格见表 4-3。

表 4-3 蒸压加气混凝土砌块的规格尺寸

长度 L(mm)	宽度 B(mm)	高度 H(mm)
600	100 120 125 150 180 200 240 250 300	200 240 250 300
注:如需要其他规格,可由供需双方协商解决		

蒸压加气混凝土砌块按产品名称(代号 ACB)、强度等级、体积密度级别、规格尺寸、产品等级和标准编号的顺序进行标记。如强度等级为 A3.5、体积密度级别为 B05、优等品、规格尺寸为 600 mm×200 mm×250 mm 的加气混凝土砌块,其标记为:ACB A3.5 B05 600×200×250A GB 11968。

蒸压加气混凝土砌块技术要求

4.1.2 砌筑砂浆

1. 普通砌筑砂浆

用于填充墙的普通砌筑砂浆强度等级不应低于 M5。

2. 蒸压加气混凝土砌块干法砌筑砂浆(胶黏剂)

蒸压加气混凝土砌块材料吸水率高,砌筑完成后需浇水养护,增大了砌块墙体的含水率,易造成墙体产生干缩裂缝的质量通病。干法砌筑是指为防止砌块因受潮干缩变形,在砌体施工过程中不采用湿作业,而在砌筑砂浆中添加专用砂浆添加剂,提高砌筑砂浆的黏结性、保水性、触变性和流动性等特性,砌块砌筑时不需在砌筑面适量浇水,从而达到砌筑施工的干作业环境。

蒸压加气混凝土砌块干法砌筑砂浆(胶黏剂)一般由专用砂浆添加剂按照规定比例制成胶液后，掺入砂浆中搅拌而成。专用砂浆添加剂为蒸压加气砌块配套产品，由专门生产厂家供应，其主要技术指标应符合现行《蒸压加气混凝土用砌筑砂浆与抹面砂浆》(JC 890—2001)中砌筑砂浆的要求。采用市售非砌块厂家配套产品除符合上述要求外，应经工程应用认可后方可使用。

4.2　填充墙构造要求

填充墙构造要求

【学习目标】

(1) 掌握填充墙与主体连接不脱开构造。

(2) 熟悉填充墙与主体连接脱开构造。

【关键概念】

柔性连接、刚性连接、斜砌

填充墙的厚度:外围护墙不应小于 120 mm，内隔墙不应小于 90 mm。《砌体结构设计规范》(GB 50003—2010)规定，填充墙与框架柱、梁的连接，可根据设计要求采用脱开(柔性连接)或不脱开(刚性连接)方法。有抗震设防要求时，宜采用填充墙与框架脱开的方法。

4.2.1　填充墙与框架柱、梁脱开(柔性连接)构造

填充墙顶面及两端宜卡入设在梁、板底及框架柱侧的卡口铁件内，柱侧卡口铁件的竖向间距不宜大于 500 mm，梁、板底卡口铁件水平间距不宜大于 1 500 mm，如图 4－3 所示；填充墙顶面及两端与框架柱和梁、板底之间宜留出 10～15 mm 的间隙，缝隙可采用聚苯乙烯泡沫塑料板条或聚氨酯发泡材料充填，并用硅酮胶或其他弹性密封材料封缝，如图 4－4 和图 4－5 所示。

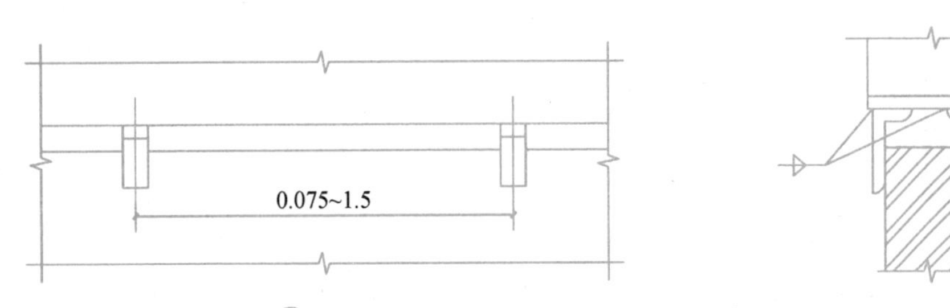

图 4－3　梁、板底卡口铁件水平间距示意图

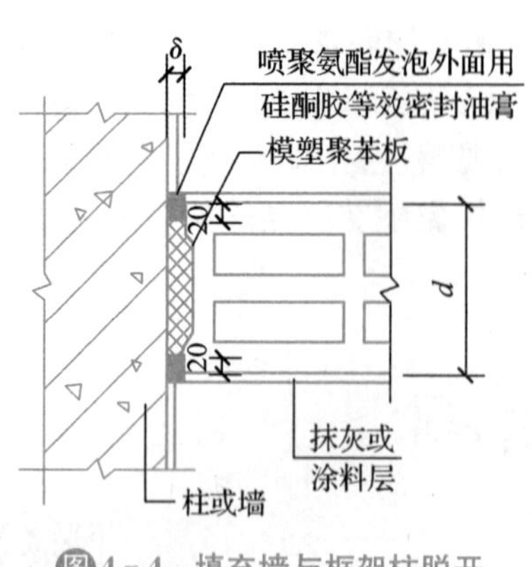

图4-4 填充墙与框架柱脱开连接时的缝隙构造做法

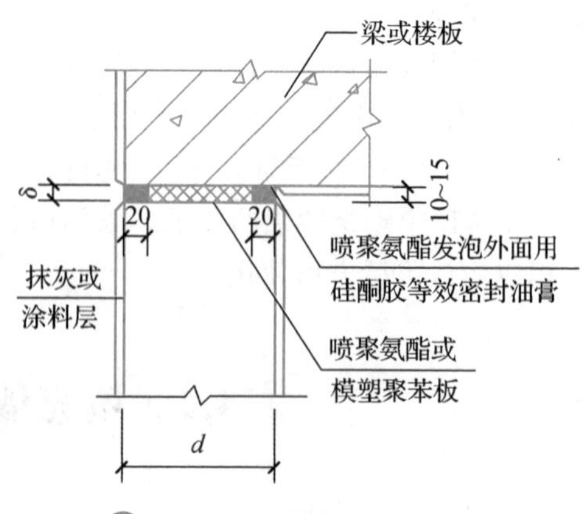

图4-5 填充墙与框架梁脱开连接时的缝隙构造做法

独立填充墙端部应设置构造柱，柱间距宜不大于20倍墙厚且不大于4 000 mm，柱宽度不小于100 mm。柱竖向钢筋不宜小于10，箍筋宜为5，箍筋间距不宜大于400 mm。柱竖向钢筋下端与框架梁或其挑出部分的预埋件或预留钢筋连接，绑扎接头时不小于30 d，焊接时(单面焊)不小于10 d(d为钢筋直径)。柱顶端与框架梁(板)应预留不小于15 mm的缝隙，用硅酮胶或其他弹性密封材料封缝。当填充墙有宽度大于2 100 mm的洞口时，洞口两侧应加设宽度不小于50 mm的单筋混凝土柱。

填充墙体高度超过4 m时宜在墙高中部设置与框架柱连通的水平系梁。水平系梁的截面高度不小于60 mm。填充墙高度不宜大于6 m。

4.2.2 填充墙与框架柱、梁不脱开构造(刚性连接)

填充墙应沿框架柱全高每隔500～600 mm设2ϕ6拉结筋(墙厚大于240 mm时宜设3ϕ6拉结筋)，拉结筋伸入墙内的长度，6、7度时宜沿墙全长贯通，8度时应全长贯通，如图4-6和图4-7所示。

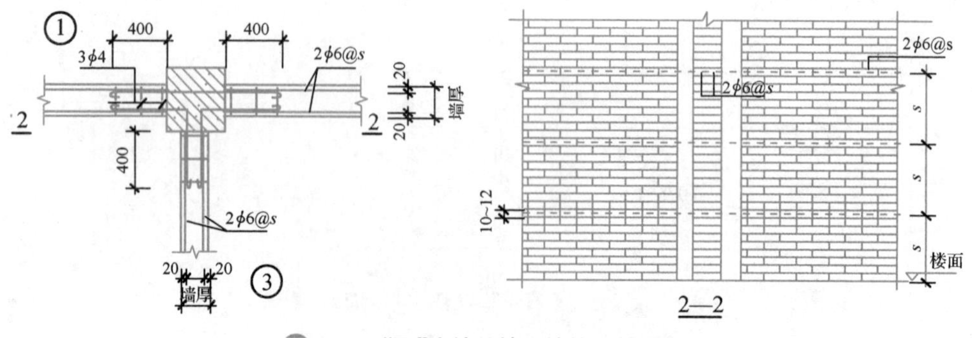

图4-6 "丁"字墙处填充墙拉结筋布置

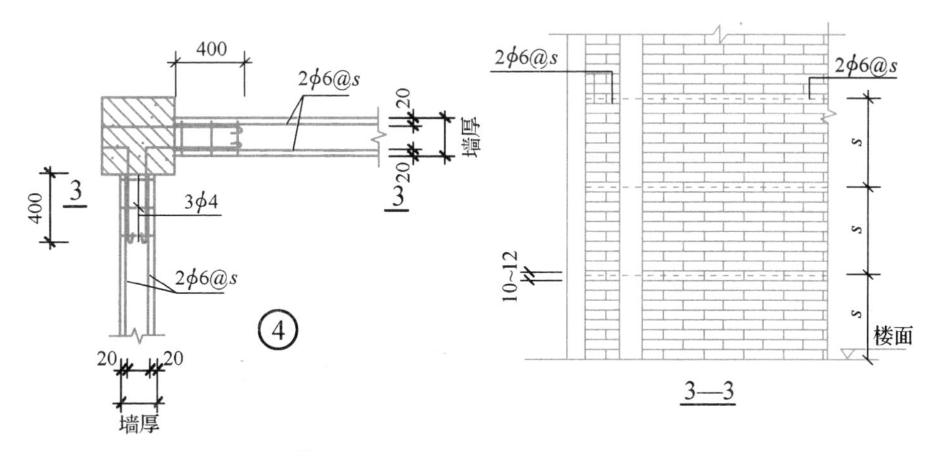

图 4-7　转角处填充墙拉结筋布置

填充墙墙顶应与框架梁紧密结合，顶面与上部结构接触处宜用一皮砖或配砖斜砌楔紧，如图 4-8 所示。

填充墙长度超过 5 m 或墙长大于 2 倍层高时，墙顶与梁宜有拉接措施，墙体中部应加设构造柱；填充墙高度超过 4 m 时，宜在墙高中部设置与框架柱连接的水平系梁，梁截面高度不小于 60 mm。填充墙构造柱及水平系梁设置见图 4-9。填充墙高度超过 6 m 时，宜沿墙高每 2 m 设置与柱连接的水平系梁，梁截面高度不小于60 mm。构造柱详图见图 4-10、图 4-11 和图 4-12。水平系梁详图见图 4-13。

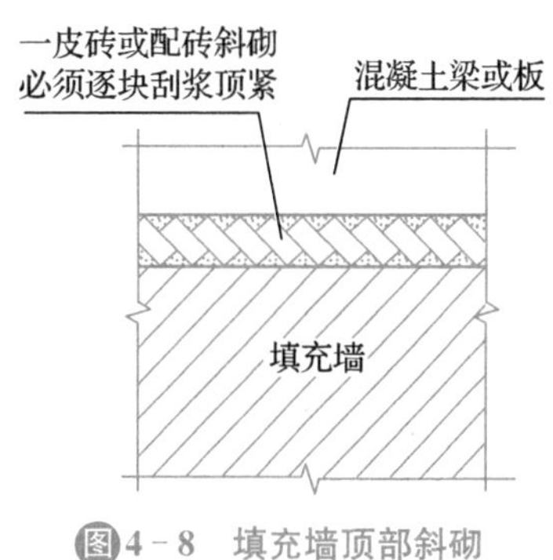

图 4-8　填充墙顶部斜砌

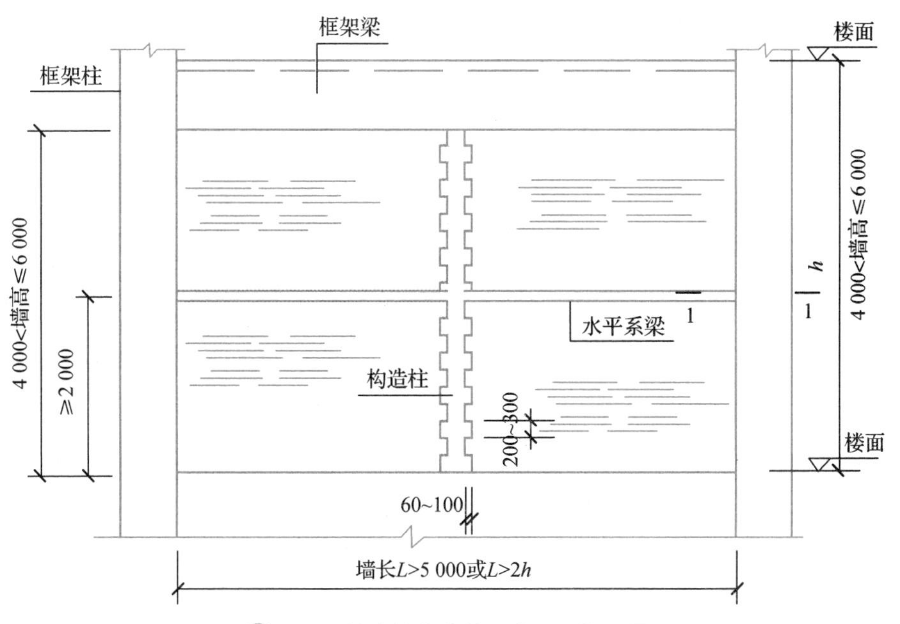

图 4-9　填充墙构造柱及水平系梁设置

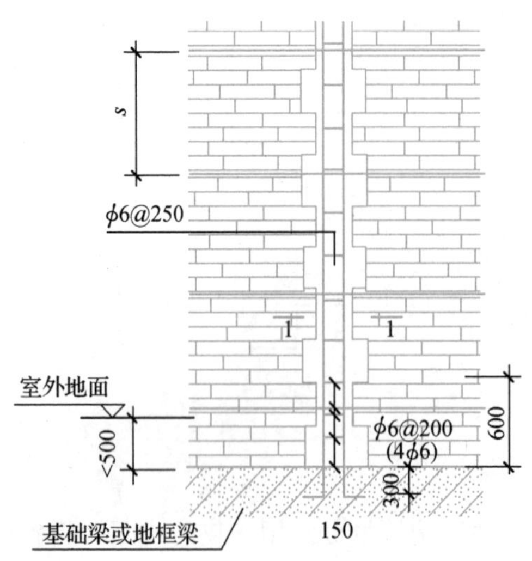

图4－10　填充墙构造柱与基础梁的连接

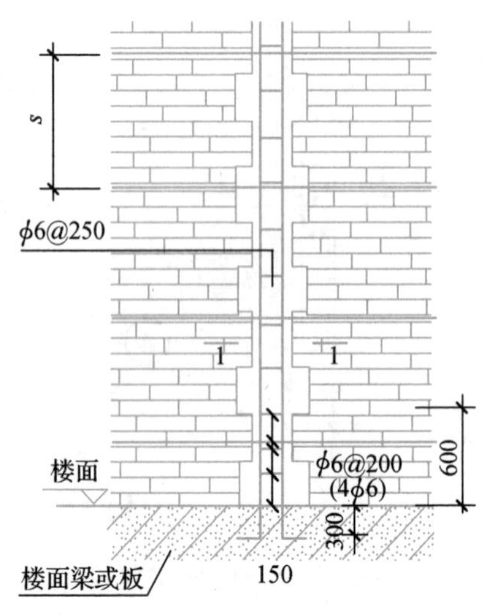

图4－11　填充墙构造柱与楼面梁(板)的连接

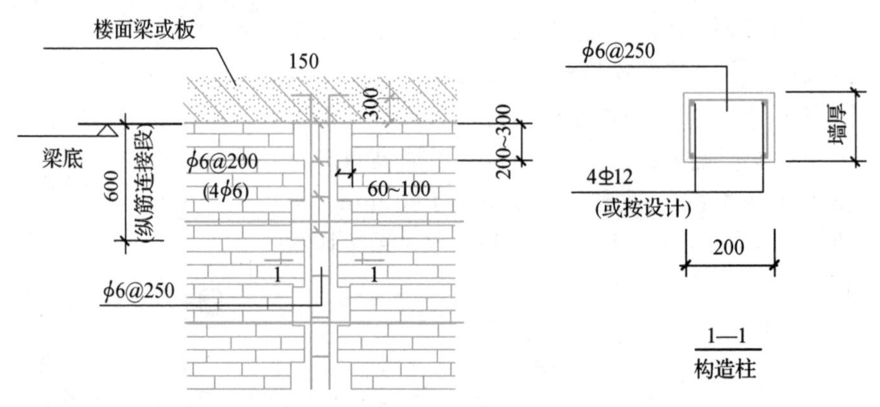

图4－12　填充墙构造柱顶部与楼面梁(板)的连接

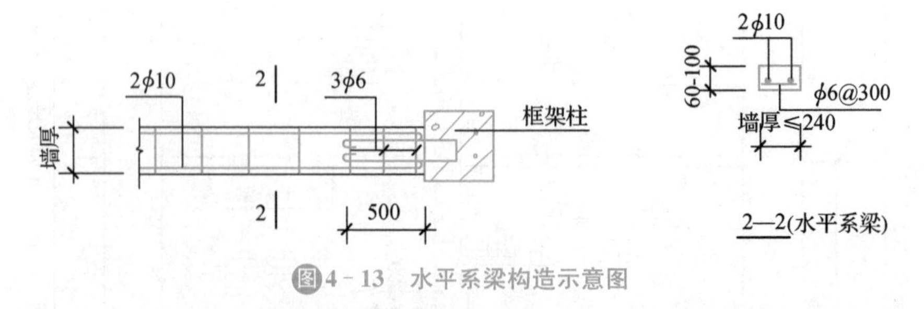

图4－13　水平系梁构造示意图

当填充墙有门窗洞口时，宜在窗洞口的上端或下端、门洞口的上端设置钢筋混凝土带，钢筋混凝土带应与过梁的混凝土同时浇筑，其过梁的断面及配筋由设计确定。钢筋混凝土带的混凝土强度等级不小于C20。门洞口做法如图4－14和图4－15所示。拉结筋遇门窗洞口构造如图4－16所示。

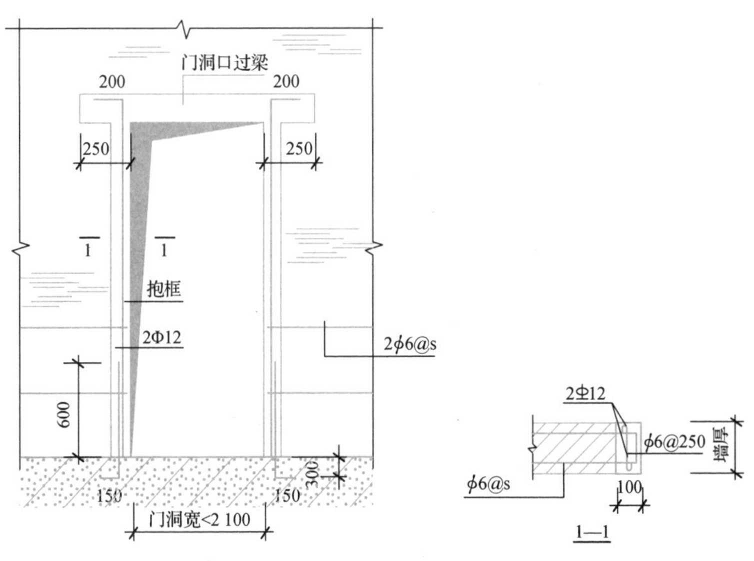

图4-14 门洞宽<2 100时的做法

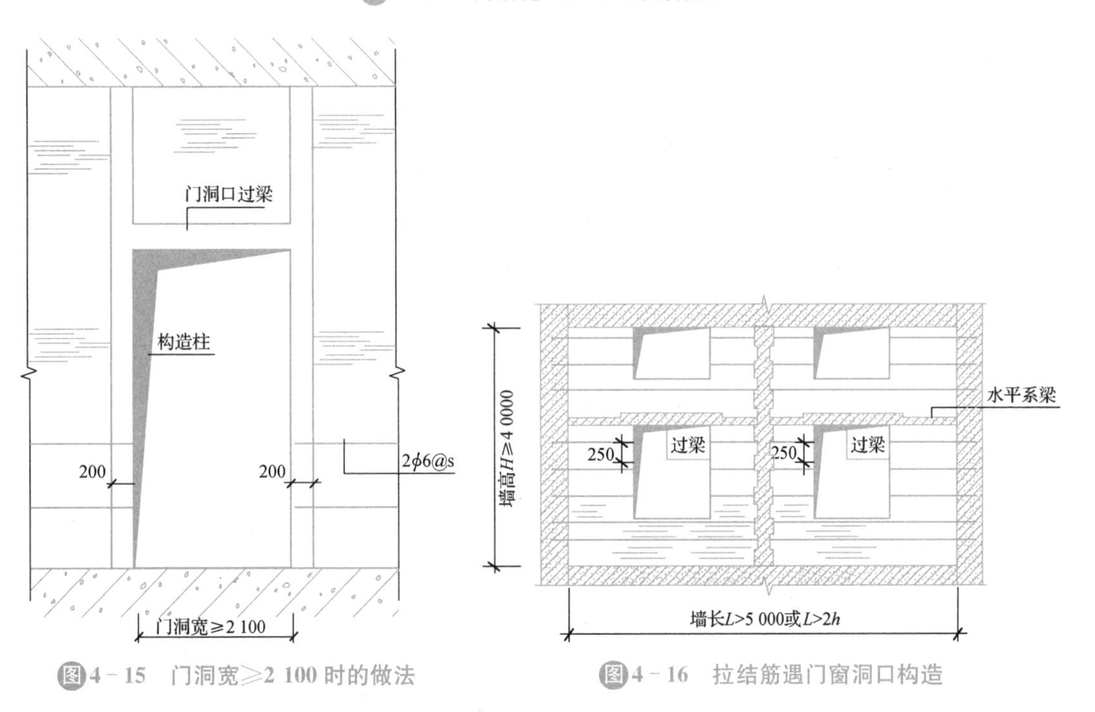

图4-15 门洞宽≥2 100时的做法

图4-16 拉结筋遇门窗洞口构造

4.3 填充墙体砌筑

填充墙砌筑施工

【学习目标】

(1) 掌握加气混凝土砌块砌筑工艺。

(2) 熟悉烧结空心砖、粉煤灰砌块砌筑工艺。

【关键概念】

侧砌、铺灰灌浆法、薄灰法

4.3.1　机具准备

砌筑前，必须按施工组织设计所确定的垂直运输机械和机械设备方案组织进场，并做好机械设备的安装，搭设好搅拌棚，安设好搅拌机，同时准备好脚手工具和砌筑用的工具，如贮灰槽、铲刀、砍斧、皮数杆(线杆子)、托线板等。

4.3.2　轴线引测、标高控制

墙体砌筑前应用笤帚将要砌筑墙体位置的楼面清扫干净，露出在本层砼墙柱施工时已经弹好轴线，作为墙体砌筑依据，对于极少数看不清的轴线，可根据相邻墙体轴线按图纸尺寸用钢尺放线；同时应弹出“50”线作为墙体砌筑时高度控制依据。

4.3.3　烧结空心砖砌筑施工

烧结空心砖在运输、装卸过程中，严禁抛掷和倾倒。进场后应按品种、规格堆放整齐，堆置高度不宜超过 2 m。

采用普通砌筑砂浆砌筑填充墙时，烧结空心砖应提前 1～2 d 浇(喷)水湿润，使烧结空心砖的相对含水率为 60%～70%。

空心砖墙应侧砌，其孔洞呈水平方向，上下皮垂直灰缝相互错开 1/2 砖长。空心砖墙底部宜砌 3 皮烧结普通砖(图 4 - 17)。

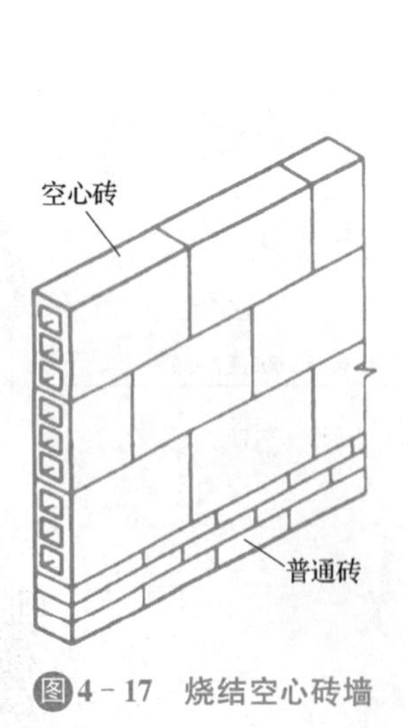

图4 - 17　烧结空心砖墙

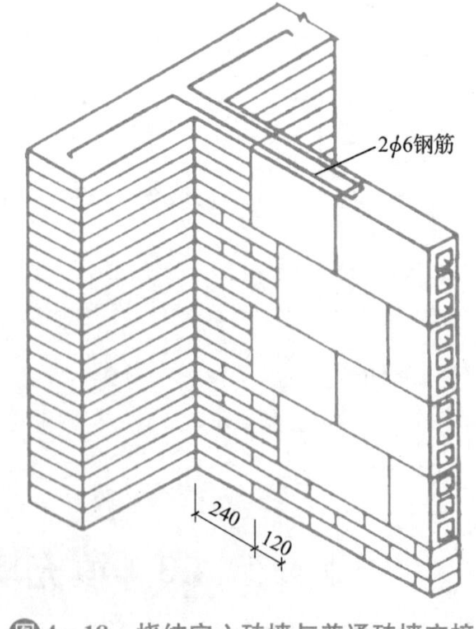

图4 - 18　烧结空心砖墙与普通砖墙交接

烧结空心砖墙与烧结普通砖交接处，应以普通砖墙引出木小于 240 mm 长与空心砖墙相接，并与隔 2 皮空心砖高在交接处的水平灰缝中设置 2ϕ6 钢筋作为拉结筋，拉结钢筋在空心砖墙中的长度不小于空心砖长加 240 mm(图 4 - 18)。

烧结空心砖墙的转角处，应用烧结普通砖砌筑，砌筑长度角边不小于 240 mm。

烧结空心砖墙砌筑不得留置斜槎或直槎，中途停歇时，应将墙顶砌平。在转角处、交接处，烧结空心砖与普通砖应同时砌起。

烧结空心砖墙中不得留置脚手眼；不得对烧结空心砖进行砍凿。

4.3.4　粉煤灰砌块砌筑施工

粉煤灰砌块适用于砌筑粉煤灰砌块墙。墙厚为 240 mm，所用砌筑砂浆强度等级应不低于 M2.5。

粉煤灰砌块墙砌筑前，应按设计图绘制砌块排列图，并在墙体转角处设置皮数杆。粉煤灰砌块的砌筑面适量浇水。

粉煤灰砌块的砌筑方法可采用“铺灰灌浆法”。先在墙顶上摊铺砂浆，然后将砌块按砌筑位置摆放到砂浆层上，并与前一块砌块靠拢，留出不大于 20 mm 的空隙。待砌完一皮砌块后，在空隙两旁装上夹板或塞上泡沫塑料条，在砌块的灌浆槽内灌砂浆，直至灌满。等到砂浆开始硬化不流淌时，即可卸掉夹板或取出泡沫塑料条(图 4-19)。

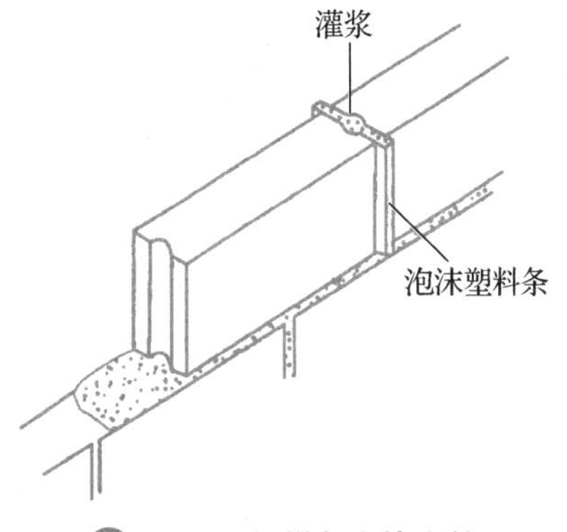

图 4-19　粉煤灰砌块砌筑

粉煤灰砌块上下皮的垂直灰缝应相互错开，错开长度应不小于砌块长度的 1/3。

粉煤灰砌块墙的灰缝应横平竖直，砂浆饱满。水平灰缝的砂浆饱满度不应小于 90%，竖向灰缝的砂浆饱满度不应小于 80%；水平灰缝厚度不得大于 15 mm，竖向灰缝宽度不得大于 20 mm。

粉煤灰砌块墙的转角处，应使纵横墙砌块相互搭砌，隔皮砌块露端面，露端面应锯平灌浆槽。粉煤灰砌块墙的 T 字交接处，应使横墙砌块隔皮露端面，并坐中于纵墙砌块，露端面应锯平灌浆槽(图 4-20)。

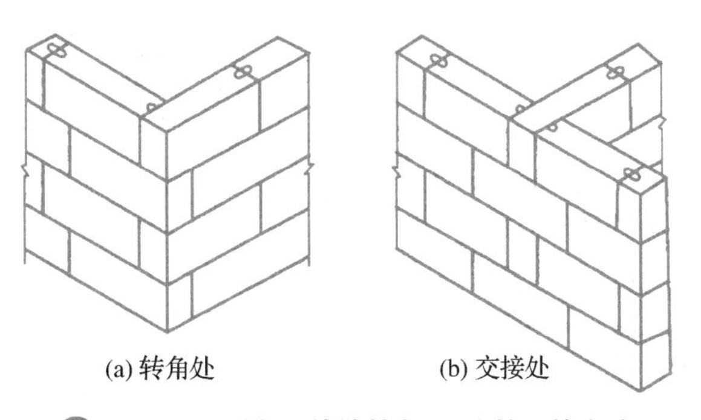

图 4-20　粉煤灰砌块墙转角处、交接处的砌法

粉煤灰砌块墙砌到接近上层楼板底时，因最上一皮不能灌浆，可改用烧结普通砖或煤渣砖斜砌挤紧。

砌筑粉煤灰砌块外墙时，不得留脚手眼。每一楼层内的砌块墙应连续砌完，尽量不留接槎。如必须留槎时应留成斜槎，或在门窗洞口侧边间断。

4.3.5　蒸压加气混凝土砌块施工

1. 砌筑准备

蒸压加气混凝土砌块在运输、装卸过程中，严禁抛掷和倾倒。进场后应按品种、规格堆放整齐，堆置高度不宜超过 2 m。蒸压加气混凝土砌块在运输及堆放中应防止雨淋。

当采用湿作业法时，一般要求在砌筑当天，对砌块砌筑面喷水湿润，使蒸压加气混凝土砌块的相对含水率为 40%～50%，但实际施工中常常不浇水，仅在气温较高时在砌筑面上适当洒水，主要是由于加气混凝土砌块浇水后重量增加、浇水后砌块不方便砌筑所致。在厨房、卫生间、浴室等处采用蒸压加气混凝土砌块砌筑墙体时，墙底部宜现浇混凝土坎台，其高度为 150 mm，其他部位墙底部可用强度较高的实心黏土砖或灰砂砖砌筑。

蒸压加气混凝土砌块砌筑前，应根据建筑物的平面、立面绘制砌块排列图。在墙体转角处设置皮数杆，在相对砌块上边线间拉准线，依准线砌筑。

2. 普通砂浆砌筑施工

蒸压加气混凝土砌块墙的上下皮砌块的竖向灰缝应相互错开，相互错开长度宜为 300 mm，并不小于 150 mm。如不能满足时，应在水平灰缝设置 2ϕ 6 的拉结钢筋或钢筋网片，拉结钢筋或钢筋网片的长度应不小于 700 mm(图 4 - 21)。

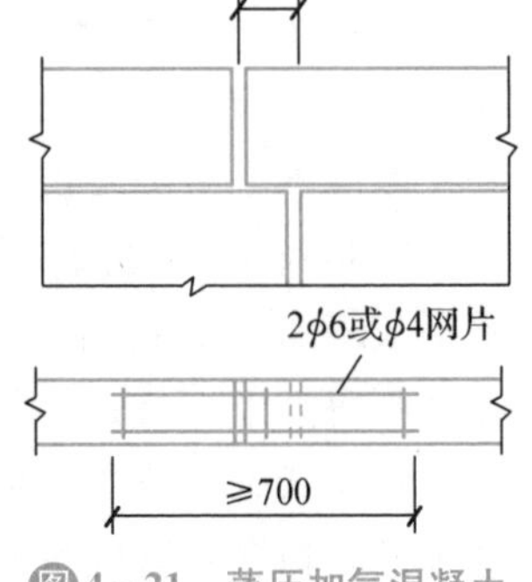

图 4 - 21　蒸压加气混凝土砌块中拉结筋

薄灰砌筑法施工的蒸压加气混凝土砌块砌体，拉结筋应放置在砌块上表面设置的沟槽内。

蒸压加气混凝土砌块不应与其他块体混砌，不同强度等级的同类块体也不得混砌。

蒸压加气混凝土砌块墙的灰缝应横平竖直，砂浆饱满。水平灰缝砂浆饱满度不应小于 90%，竖向灰缝砂浆饱满度不应小于 80%；水平灰缝厚度宜为 15 mm，竖向灰缝宽度宜为 20 mm。

蒸压加气混凝土砌块墙如无切实有效措施，不得使用于下列部位：

(1) 建筑物室内地面标高以下部位。

(2) 长期浸水或经常受干湿交替部位。

(3) 受化学环境侵蚀(如强酸、强碱)或高浓度二氧化碳等环境。

(4) 砌块表面经常处于 80℃以上的高温环境。

(5) 不设构造柱、系梁、压顶梁、拉结筋的女儿墙和栏板。

加气混凝土砌块墙上不得留设脚手眼。每一楼层内的砌块墙体应连续砌完，不留接槎。如必须留槎时应留成斜槎，或在门窗洞口侧边间断。

3. 干法砌筑施工

(1) 干法砌筑砂浆(胶黏剂)制备

① 材料要求

添加剂用量:可根据生产厂家提供的专用砂浆添加剂的用量结合具体的砌筑砂浆等级,通过有资质的试验室试配,确定其配比。

砂子选用河砂且为中砂,并经过筛级配,不得含有草根、废渣等杂物,含泥量小于5%。

水泥采用普通硅酸盐水泥或矿渣硅酸盐水泥。

水应采用不含有害物质的洁净水。

砂浆试块应随即取样制作,严禁同盘砂浆制作多组试块。每一检验批且不超过一个楼层或250 m^3 砌体所用的各种类型及强度等级的砌筑砂浆,应刮作不少于一组试块,每组试块数量为6块。

② 胶液调配

干法砌筑砂浆由专用砂浆添加剂制成胶液掺入砂浆中搅拌而成。现场应配置2个或2个以上200 L容量的容器(如油桶)作为调配胶液用,按照配合比要求将专用砂浆添加剂与清水拌合成胶液,然后用胶液替代清水搅拌制成干法砌筑砂浆。

③ 专用砂浆集中搅拌

由于干法砌筑砂浆的特殊性,搅拌站应集中在一个地点(若工程场地过大或体量较大时,可根据现场情况布置多个集中搅拌点),以免与其他普通砂浆混淆,另配置小型翻斗车作为砂浆水平运输工具,各栋楼在靠近垂直运输设备的地方设砂浆中转池。

④ 专用砂浆的性能要求与检测方法

保水性检测:将新拌的砂浆敷置在报纸上10～15 min,以报纸上砂浆周边的水印在3.0～5.0 mm范围内为合格。

抗坠与黏结性检测:将砂浆敷抹在砌块上,以敷抹的砂浆在砌块倒立的情况下不脱落为合格。

流动性和触变性检测:检测时在平放的砌块上均匀敷抹10～12 mm厚砂浆,叠上另一砌块,稍等片刻再分开,以见两砌块的黏结面挂浆面积≥80%为合格。

(2) 砌体构筑

切割砌块应使用手提式机具或专用的机械设备。胶黏剂应使用电动工具搅拌均匀,随拌随用,拌合量宜在3 h内用完为限;若环境温度高于25℃时,应在拌合后2 h内用完。使用胶黏剂施工时,严禁用水浇湿砌块。

墙体砌筑前,应对基层进行清理和找平,按设计要求弹出墙的中线、边线与门、窗洞口位置。立准皮数杆,拉好水准线。砌筑每层楼第一皮砌块前,必须清理基面,洒少量水湿润基面,再用1∶2.5水泥砂浆找平,待第二天砂浆干后再开始砌墙。砌筑时在砌块的底面和两端侧面披刮黏结剂,按排块图砌筑,并应注意及时校正砌块的水平和垂直度。

常温下,砌块的日砌筑高度宜控制在1.8 m内。上一皮砌块砌筑前,宜先将下皮砌块表面(铺浆面)用毛刷清理干净后,再铺水平灰缝的胶黏剂。每皮砌块砌筑时,宜用水平尺与橡胶锤校正水平、垂直位置,并做到上下皮砌块错缝搭接,其搭接长度不宜小于被搭接砌块长度的 1/3。砌块转角和交接处应同时砌筑,对不能同时砌筑需留设临时间断处,应砌成斜槎。斜槎水平投影长度不应小于高度的 2/3。接槎时,应先清理槎口,再铺胶黏剂砌筑。砌块水平灰缝应用刮勺均匀铺刮胶黏剂于下皮砌块表面;砌块的竖向灰缝可先铺刮胶黏剂于砌块侧面再上墙砌筑。灰缝应饱满,厚度和宽度应为 2~3 mm。

已砌上墙的砌块不应任意移动或撞击。如需校正,应在清除原胶黏剂后,重新铺刮胶黏剂进行砌筑。墙体砌完后必须检查表面平整度,如有不平整,应用钢齿磨砂板磨平,使偏差值控制在允许范围内。墙体水平配筋带应预先在砌块的水平灰缝面开设通长凹槽,置入钢筋后,用胶黏剂填实至槽的上口平。

砌体与钢筋混凝土柱(墙)相接处,应设置拉结钢筋进行拉结或设 L 形铁件连接。当采用 L 形铁件时,砌块墙体与钢筋混凝土柱(墙)间应预留 10~15 mm 的空隙,待墙体砌成后,再将该空隙用柔性材料嵌填。

砌块墙顶面与钢筋混凝土梁(板)底面间应有预留钢筋拉结并预留 10~25 mm 空隙。在墙体砌筑完成 7 d 后,先在墙顶每一砌块中间部位的两侧用经防腐处理的木楔楔紧,再用 1∶3 水泥砂浆或玻璃棉、矿棉、PU 发泡剂嵌严。除用钢筋拉结外,另一种做法是在砌块墙顶面与钢筋混凝土梁(板)底面间预留 40~50 mm 空隙,在墙体砌筑完成 7 d 后用 C20 细石混凝土填充。

厨房、卫生间等潮湿房间及底层外墙的砌体,应砌在高度不小于 200 mm 的 C20 现浇混凝土楼板翻边上,并应做好墙面防水处理。

砌块墙体的过梁宜采用预制钢筋混凝土过梁。过梁宽度宜比砌块墙厚度两侧各凹进 10 mm。砌块砌体砌筑时,不应在墙体中留设脚手架洞。墙体修补及空洞填塞宜用同质材料或专用修补材料修补;也可用砌块碎屑拌以水泥、石灰膏及适量的建筑胶水进行修补,配合比为水泥∶石灰膏∶砌块碎屑=1∶1∶3。

(3) 门窗樘与墙的连接

门窗与墙体连接方法主要有钢附框连接、燕尾铁脚焊接连接、燕尾铁脚与预埋件连接、固定钢片射钉连接、固定钢片金属膨胀螺栓连接等几种。燕尾铁脚厚度应≥3 mm。固定钢片厚度≥1.5 mm,宽度≥15 mm。所有燕尾铁脚和固定钢片表面应进行热浸镀锌处理。门窗连接固定点间距一般固定应距窗角、中横框、中竖框 150~200 mm,固定点间距应不大于 600 mm。具体方法如下:

① 钢附框适用于门窗与各种墙体的连接,安装精度高,连接可靠,但成本较高。

② 门窗与钢结构的连接可采用燕尾铁脚焊接连接方法。燕尾铁脚与钢结构的连接用钢条或钢角码焊接调节。

③ 门窗与轻质墙体的连接宜采用燕尾铁脚与预埋件焊接连接方法。燕尾铁脚与预埋件之间用钢条或钢角码焊接调节。

④ 门窗与钢筋混凝土墙体的连接可用固定钢片(或燕尾铁脚)射钉或金属膨胀螺栓

连接等。当采用固定钢片连接固定门窗时，门窗四周边框与墙体之间的缝隙应采用水泥砂浆塞缝。水泥砂浆塞缝能使门窗外框与墙体牢固可靠地连接，并对门窗的框料起着重要的加固作用。当缝隙采用聚氨酯泡沫填缝剂或其他柔性材料填塞时，固定钢片应采用燕尾铁脚代替，以保证门窗与墙体的连接固定可靠。

⑤ 门窗与砖墙的连接可用固定钢片（或燕尾铁脚）金属膨胀螺栓连接。在砖墙上严禁采用射钉固定门窗。同钢筋混凝土墙体一样，当采用固定钢片时缝隙应采用水泥砂浆塞缝，当缝隙采用聚氨酯泡沫填缝剂或其他柔性材料填塞时，应采用燕尾铁脚固定。

(4) 墙体暗敷管线

水电管线的暗敷工作，必须待墙体完成并达到一定强度后方能进行。开槽时，应使用轻型电动切割机和手工搂槽器。开槽的深度不宜超过墙厚的 1/3。墙厚小于120 mm 的墙体不得双向对开管线槽。管线开槽应距门窗洞口 300 mm 以外。

预埋在现浇楼板中的管线弯进墙体时，应贴近墙面敷设，且垂直段高度宜低于一皮砌块的高度。敷设管线后的应先刷界面剂，再用 1∶3 水泥砂浆填实，填充面应比墙面微凹 2 mm，再用胶黏剂补平，沿槽长两侧粘贴自槽宽两侧外延不小于 100 mm 的耐碱玻纤网格布以防裂。

4.4 过程控制

【学习目标】

熟悉小砌块施工过程中质量控制要点。

【关键概念】

接槎、嵌砌、混砌

砌筑施工时最好从顶层向下层砌筑。常温条件下填充墙每日的砌筑高度不宜超过 1.8 m。墙体的质量要求同样可以概括为“横平竖直、灰浆饱满、上下错缝、接槎可靠”四个方面。

蒸压加气混凝土砌块、轻骨料混凝土小型空心砌块不应与其他块体混砌，不同强度等级的同类砌块也不得混砌。但在窗台处和因安装门窗需要，在门窗洞口处两侧填充墙上、中、下部科采用其他块体局部嵌砌（如木或混凝土砖）；空心砌块在窗台顶面应做成混凝土压顶，以保证门窗框与砌体的可靠连接。对于框架柱、梁不脱开方法的填充墙，填塞填充墙顶部与梁之间的缝隙可采用其他块体。

填充墙砌体砌筑，应待承重主体结构检验批验收合格后进行。填充墙与承重主体结构间的空（缝）隙部位施工，应在填充墙砌筑 14 d 后进行。外墙砌筑中应注意灰缝饱满、密实，其竖缝应灌砂浆插捣密实。也可以在外墙面的装饰层采取适当的防水措施，如采用掺加 3%～5%的防水剂的防水砂浆进行抹灰、面砖勾缝或外墙表面涂刷防水剂等，以确保外墙的防水效果。

4.5　填充墙砌筑质量评定与验收

填充墙砌筑质量验收

【学习目标】

(1) 熟悉填充墙砌筑质量验收的一般规定项目。

(2) 熟悉填充墙砌筑质量验收的主控项目和一般项目。

【关键概念】

含水率、进场复验、允许偏差

4.5.1　一般规定

砌筑填充墙时，轻骨料混凝土小型空心砌块和蒸压加气混凝土砌块的产品龄期不应小于 28 d，蒸压加气混凝土砌块的含水率宜小于 30%。

烧结空心砖、蒸压加气混凝土砌块、轻骨料混凝土小型空心砌块等的运输、装卸过程中，严禁抛掷和倾倒；进场后应按品种、规格堆放整齐，堆置高度不宜超过 2 m。蒸压加气混凝土砌块在运输及堆放中应防止雨淋。

吸水率较小的轻骨料混凝土小型空心砌块及采用薄灰砌筑法施工的蒸压加气混凝土砌块，砌筑前不应对其浇(喷)水湿润；在气候干燥炎热的情况下，对吸水率较小的轻骨料混凝土小型空心砌块宜在砌筑前喷水湿润。

采用普通砌筑砂浆砌筑填充墙时，烧结空心砖、吸水率较大的轻骨料混凝土小型空心砌块应提前 1～2 d 浇(喷)水湿润。蒸压加气混凝土砌块采用蒸压加气混凝土砌块砌筑砂浆或普通砌筑砂浆砌筑时，应在砌筑当天对砌块砌筑面喷水湿润。块体湿润程度宜符合下列规定：

(1) 烧结空心砖的相对含水率 60%～70%。

(2) 吸水率较大的轻骨料混凝土小型空心砌块、蒸压加气混凝土砌块的相对含水率 40%～50%。

在厨房、卫生间、浴室等处采用轻骨料混凝土小型空心砌块、蒸压加气混凝土砌块砌筑墙体时，墙底部宜现浇混凝土坎台，其高度宜为 150 mm。填充墙拉结筋处的下皮小砌块宜采用半盲孔小砌块或用混凝土灌实孔洞的小砌块；薄灰砌筑法施工的蒸压加气混凝土砌块砌体，拉结筋应放置在砌块上表面设置的沟槽内。

蒸压加气混凝土砌块、轻骨料混凝土小型空心砌块不应与其他块体混砌，不同强度等级的同类块体也不得混砌。窗台处和因安装门窗需要，在门窗洞口处两侧填充墙上、中、下部可采用其他块体局部嵌砌；对与框架柱、梁不脱开方法的填充墙，填塞填充墙顶部与梁之间缝隙可采用其他砌块。

填充墙砌体砌筑，应待承重主体结构检验批验收合格后进行。填充墙与承重主体结构间的空(缝)隙部位施工，应在填充墙砌筑 14 d 后进行。

4.5.2　主控项目

(1) 烧结空心砖、小砌块和砌筑砂浆的强度等级应符合设计要求。

抽检数量:烧结空心砖每 10 万块为一验收批,小砌块每 1 万块为一验收批,不足上述数量时按一批计,抽检数量为一组。

检验方法:查砖、小砌块进场复验报告和砂浆试块试验报告。

(2) 填充墙砌体应与主体结构可靠连接,其连接构造应符合设计要求,未经设计同意,不得随意改变连接构造方法。每一填充墙与柱的拉结筋的位置超过一皮块体高度的数量不得多于一处。

检查数量:每检验批抽查不应少于 5 处。

检验方法:观察检查。

(3) 填充墙与承重墙、柱、梁的连接钢筋,当采用化学植筋的连接方式时,应进行实体检测。锚固钢筋拉拔试验的轴向受拉非破坏承载力检验值应为 6.0 kN。抽检钢筋在检验值作用下应基材无裂缝、钢筋无滑移宏观裂损现象;持荷 2 min 期间荷载值降低不大于 5%。

检查数量:按表 4 - 4 确定。

表 4 - 4　检验批抽检锚固钢筋样本最小容量

检验批的容量	样本最小容量	检验批的容量	样本最小容量
≤90	5	281～500	20
91～150	8	501～1 200	32
151～280	13	1 201～3 200	50

检验方法:原位试验检查。

4.5.3　一般项目

(1) 填充墙砌体尺寸、位置的允许偏差及检验方法应符合表 4 - 5 的规定。

表 4 - 5　填充墙砌体尺寸、位置的允许偏差及检验方法

<table>
<tr><th>项次</th><th colspan="2">项目</th><th>允许偏差(mm)</th><th>检验方法</th></tr>
<tr><td>1</td><td colspan="2">轴线位移</td><td>10</td><td>用尺检查</td></tr>
<tr><td rowspan="2">2</td><td rowspan="2">垂直度
(每层)</td><td>≤3 m</td><td>5</td><td rowspan="2">用 2 m 托线板或吊线、尺检查</td></tr>
<tr><td>>3 m</td><td>10</td></tr>
<tr><td>3</td><td colspan="2">表面平整度</td><td>8</td><td>用 2 m 靠尺和楔形尺检查</td></tr>
<tr><td>4</td><td colspan="2">门窗洞口高、宽(后塞口)</td><td>±10</td><td>用尺检查</td></tr>
<tr><td>5</td><td colspan="2">外墙上、下窗口偏移</td><td>20</td><td>用经纬仪或吊线检查</td></tr>
</table>

抽检数量:每检验批抽查不应少于 5 处。

（2）填充墙砌体的砂浆饱满度及检验方法应符合表 4－6 的规定。

表 4－6　填充墙砌体的砂浆饱满度及检验方法

<table>
<tr><th>砌体分类</th><th>灰缝</th><th>饱满度及要求</th><th>检验方法</th></tr>
<tr><td rowspan="2">空心砖砌体</td><td>水平</td><td>≥80％</td><td rowspan="4">采用百格网检查块体底面或侧面砂浆的黏结痕迹面积</td></tr>
<tr><td>垂直</td><td>填满砂浆，不得有透明缝、瞎缝、假缝</td></tr>
<tr><td rowspan="2">蒸压加气混凝土砌块、轻骨料混凝土小型空心砌块砌体</td><td>水平</td><td>≥80％</td></tr>
<tr><td>垂直</td><td>≥80％</td></tr>
</table>

抽检数量：每检验批抽查不应少于 5 处。

（3）填充墙留置的拉结钢筋或网片的位置应与块体皮数相符合。拉结钢筋或网片应置于灰缝中，埋置长度应符合设计要求，竖向位置偏差不应超过一皮高度。

抽检数量：每检验批抽查不应少于 5 处。

检验方法：观察和用尺量检查。

（4）砌筑填充墙时应错缝搭砌，蒸压加气混凝土砌块搭砌长度不应小于砌块长度的 1/3；轻骨料混凝土小型空心砌块搭砌长度不应小于 90 mm；竖向通缝不应大于 2 皮。

抽检数量：每检验批抽查不应少于 5 处。

检查方法：观察检查。

（5）填充墙的水平灰缝厚度和竖向灰缝宽度应正确，烧结空心砖、轻骨料混凝土小型空心砌块砌体的灰缝应为 8～12 mm；蒸压加气混凝土砌块砌体当采用水泥砂浆、水泥混合砂浆或蒸压加气混凝土砌块砌筑砂浆时，水平灰缝厚度和竖向灰缝宽度不应超过 15 mm；当蒸压加气混凝土砌块砌体采用蒸压加气混凝土砌块黏结砂浆时，水平灰缝厚度和竖向灰缝宽度宜为 3～4 mm。

抽检数量：每检验批抽查不应少于 5 处。

检查方法：水平灰缝厚度用尺量 5 皮小砌块的高度折算；竖向灰缝宽度用尺量 2 m 砌体长度折算。

思考题

1. 填充墙常用的砌体材料有哪些？
2. 简述填充墙与框架柱、梁不脱开的构造要求。
3. 填充墙砌筑要点有哪些？
4. 填充墙砌体垂直度与表面平整度的允许偏差和检验方法是什么？

第5章 综合训练——转角砖墙砌筑

5.1 学生工作页

5.1.1 资讯

任务：砌筑如图5-1所示的墙体，高度1.2 m。墙身有一洞口，洞口过梁为砖砌平拱；构造柱与墙体连接处砌成马牙槎，拉结筋采用$\phi 6$钢筋。

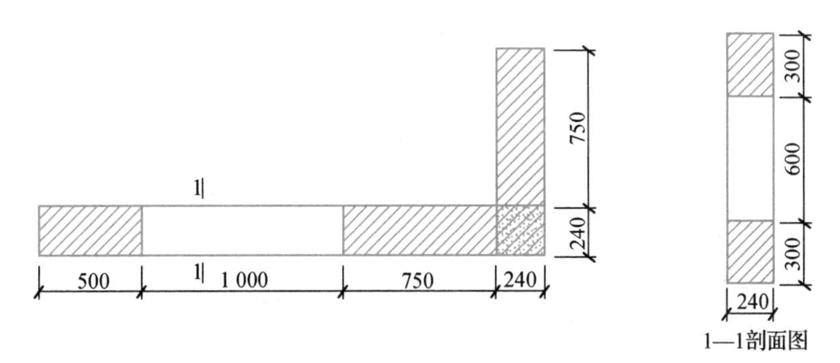

图5-1 墙身示意图

1. 接受任务

收到教师分发的墙身示意图，按6人1组分组，明确砌筑任务。

2. 信息收集

参考资料：《砌体结构工程施工》教材

《建筑识图与绘图》教材

《建筑结构》教材

《建筑工程施工测量》教材

《建筑材料与检测》教材

《建筑工程施工准备》教材

《混凝土工程施工》教材

《建筑工程竣工验收与资料管理》教材

《建筑工程施工质量验收统一标准》(GB 50300—2013)

《工程结构通用规范》(GB 55001—2021)

《砌体结构通用规范》(GB 55007—2021)

学生根据收集及查询到的信息,回答下列问题:

(1) 什么是砌体?简述砌体的优点及分类。

(2) 简述墙体的作用及分类。

(3) 简述砌体结构的房屋承重墙的布置方案。

(4)简述砌体施工前的技术准备及施工现场准备内容。

(5) 烧结普通砖的技术性质包括哪些内容?简述烧结砖的质量控制要点。

(6) 对砌筑砂浆的原材料有哪些要求?简述建筑砂浆的概念及种类。

(7) 砌筑砂浆的技术性质包含哪些内容？简述砌筑砂浆质量控制要点。

(8) 砖上墙前为什么要浇水湿润？

(9) 砌体常见的组砌形式有哪些？

(10) 简述砖墙砌筑施工工艺。

(11) 简述砖砌体施工安全技术。

(12) 简述砖砌体环保及文明施工要求。

（13）建筑钢材的力学性能包括哪些内容？

（14）模板系统的作用有哪些？基本要求有哪些？简述模板系统的组成内容。

（15）什么是混凝土？简述水泥的选择原则。普通混凝土用砂有哪些要求？普通混凝土用石有哪些要求？普通混凝土用水有哪些要求？

（16）什么是混凝土拌和物的和易性？影响混凝土拌和物和易性的因素有哪些？

（17）简述影响混凝土抗压强度的主要因素。

（18）简述模板拆除的基本规定。

(19) 搅拌混凝土的要求有哪些？混凝土运输要求有哪些？混凝土浇筑的一般要求有哪些？

(20) 简述板缝施工时应注意的问题。

5.1.2　计划

在这一阶段中，学生针对本工程，以小组方式工作，独立地寻找与任务相关的信息，并获得工作过程、工具清单、了解安全措施，并把它填入相应的学生工作页，制定工作计划。本项目计划主要内容有：材料计划、工具计划、劳动力计划、施工方案。

1. 材料计划

表5-1　材料计划表

材料名称	规格	标号	数量

2. 工具计划

表5-2　工具计划表

工具名称	数量

3. 劳动计划

表 5－3　劳动计划表

人员名字	数量	工作任务

4. 施工方案

(1) 施工工艺流程

答：

(2) 施工要点

答：

5.1.3　决策

每组请一位学生讲述自己所做的计划，教师进行讲评分析，给出建议。

该环节安排在砖砌体墙体砌筑训练中完成。

5.1.4　实施

1. 技术和安全交底

表 5－4　技术(安全)交底表

工程名称		建设单位	
监理单位		施工单位	
交底部位		交底日期	
交底人签字			
接受人签字			

2. 墙体砌筑训练

该环节安排在砖砌体墙体砌筑训练中完成。

5.1.5　检查及工程资料填写

该环节安排在砖砌体墙体砌筑训练中完成。

1. 砖砌体工程施工质量标准

将砖砌体质量标准中有关允许偏差、检验方法、抽查数量等内容填入表5－5和表5－6。

表5－5　砖砌体位置及垂直度的允许偏差及检验方法

项次	项目			允许偏差/mm	检验方法
1	轴线位置偏移				
2	垂直度	每层			
		全高	≤10 m		
			>10m		
抽检数量：					

表5－6　砖砌体一般尺寸允许偏差

项次	项目		允许偏差/mm	检验方法	抽检数量
1	基础顶面和楼面标高				
2	表面平整度	清水墙、柱			
		混水墙、柱			
3	门窗洞口高度（后塞口）				
4	外墙上下窗口偏移				
5	水平灰缝平直度	清水墙			
		混水墙			
6	清水墙游丁走缝				

2. 检查计划

采用自检、互检、专检的方式，检查实训成果。

表5－7　检查工具计划

检查工具名称	用　途

（续表）

检查工具名称	用　途

3. 实施检查

各组放线完成后，先进行自检，再进行互检，最后由教师进行专检。

各组砌筑完成后，先进行自检，再进行互检，最后由教师进行专检。

4. 编制工程技术资料

根据检查结构，填写检验批质量验收记录表（表 5－8）。

表 5－8　砖砌体工程检验批质量验收记录

<table>
<tr><td colspan="4">工程名称</td><td></td><td colspan="5">分项工程名称</td><td colspan="5"></td><td>验收部位</td><td></td></tr>
<tr><td colspan="4">施工单位</td><td></td><td colspan="5"></td><td colspan="5">项目经理</td><td></td><td></td></tr>
<tr><td colspan="4">施工执行标准名称及编号</td><td></td><td colspan="5"></td><td colspan="5">专业工长</td><td></td><td></td></tr>
<tr><td colspan="4">分包单位</td><td></td><td colspan="5"></td><td colspan="5">施工班组组长</td><td></td><td></td></tr>
<tr><td rowspan="10">主控项目</td><td colspan="4">质量验收的规定</td><td colspan="10">施工单位检查评定记录</td><td colspan="2">监理（建设）单位验收记录</td></tr>
<tr><td colspan="4">1. 砖强度等级必须符合设计要求</td><td colspan="10"></td><td colspan="2"></td></tr>
<tr><td colspan="4">2. 砂浆强度必须符合设计强度要求</td><td colspan="10"></td><td colspan="2"></td></tr>
<tr><td colspan="4">3. 斜搓留置必须符合砌体结构验收规范 5.2.3 条</td><td colspan="10"></td><td colspan="2"></td></tr>
<tr><td colspan="4">4. 直搓拉接钢筋及接搓处理应符合规范规定的 5.2.4 条</td><td colspan="10"></td><td colspan="2"></td></tr>
<tr><td colspan="3">5. 砂浆饱满度</td><td>80%</td><td></td><td></td><td></td><td></td><td></td><td></td><td></td><td></td><td></td><td></td><td colspan="2"></td></tr>
<tr><td colspan="3">6. 轴线位移</td><td>10 m</td><td></td><td></td><td></td><td></td><td></td><td></td><td></td><td></td><td></td><td></td><td colspan="2"></td></tr>
<tr><td rowspan="3">7. 垂直度</td><td colspan="2">每层</td><td>5mm</td><td></td><td></td><td></td><td></td><td></td><td></td><td></td><td></td><td></td><td></td><td colspan="2"></td></tr>
<tr><td rowspan="2">全高</td><td>10 mm</td><td>10 mm</td><td></td><td></td><td></td><td></td><td></td><td></td><td></td><td></td><td></td><td></td><td colspan="2"></td></tr>
<tr><td>10 mm</td><td>20 mm</td><td></td><td></td><td></td><td></td><td></td><td></td><td></td><td></td><td></td><td></td><td colspan="2"></td></tr>
</table>

（续表）

工程名称		分项工程名称										验收部位
一般项目	1. 组砌方法											
	2. 水平灰缝厚度											
	3. 顶(楼面)标高											
	4. 表面平整度											
	5. 门窗洞口											
	6. 窗口偏移											
	7. 水平灰平直度											
	8. 清水墙游丁走缝											
施工单位检查评定结果												
监理(建设)单位验收结论												

5.2 教师工作页

5.2.1 资讯

1. 分配任务

将墙身示意图(图 5－1)发给学生,将学生 6 人 1 组分组,明确砌筑任务。

2. 带领学生收集信息

参考资料:《砌体结构工程施工》教材
《建筑识图与绘图》教材
《建筑结构》教材
《建筑工程施工测量》教材
《建筑材料与检测》教材
《建筑工程施工准备》教材
《混凝土工程施工》教材
《建筑工程竣工验收与资料管理》教材
《建筑工程施工质量验收统一标准》(GB 50300—2013)
《工程结构通用规范》(GB 55001—2021)
《砌体结构通用规范》(GB 55007—2021)

学生根据收集及查询到的信息,回答下列问题:

(1) 什么是砌体？简述砌体的优点及分类。

答:砌体是由块材(砖、石材、砌块)和砂浆砌筑而成的整体结构,包括砖砌体、石砌体、砌块砌体等。砌体通常用来砌基础、内外墙和柱。

砌体结构的主要优点：所有材料是地方材料，易于就地取材，并可以利用工业废料，节省钢材、木材和水泥，造价较低；耐久性和耐火性好，并具有一定的隔热、隔音性能；施工技术和设备简单、易于普及。

(2) 简述墙体的作用及分类。

答：墙体的作用：砌体结构的房屋通常是指屋盖、楼盖等水平承重结构的构件采用钢筋混凝土或木材，而墙、柱与基础等竖向承重结构的构件采用砌体材料的房屋。砌体结构中的墙体一般具有承重、隔断和围护作用，墙体、柱的自重约占房屋总重的 60%。

墙体的分类：按墙体在房屋中所处的不同位置，有内墙和外墙、横墙和纵墙之分。位于建筑物外界四周的墙称为外墙，外墙是房屋的外围护结构，起着挡风、阻雨、保温、隔热等围护室内房间不受侵袭的作用；位于建筑物内部的墙称为内墙，内墙主要起分隔房间的作用；沿建筑物短轴方向布置的墙称为横墙，外横墙称为山墙；沿建筑物长轴方向布置的墙称为纵墙，纵墙有内纵墙和外纵墙之分；在同一道墙上，窗与窗之间的墙称为窗间墙；窗洞下部的墙称为窗下墙。

(3) 简述砌体结构的房屋承重墙的布置方案。

答：砌体结构的房屋在承重墙的布置中，一般有 3 种方案可供选择，即纵墙承重体系、横墙承重体系、纵横墙承重体系。

(4)简述砌体施工前的技术准备及施工现场准备内容。

答：① 检查规划红线桩，引出控制桩，建立现场测量控制网，并且校核，做到准确无误。

② 组织技术人员熟悉施工图纸，领会设计意图，参加建设单位组织的图纸会审和图纸设计交底。

③ 做好施工技术交底工作。

④ 编制施工预算，做好供材分析，提出各种新材料的需求量汇总表。

⑤ 编制施工组织设计，根据该工程特点，编制具有针对性的技术方案和安全方案。

⑥ 组织人员落实好原材料的订购计划和供应计划，做好门窗等半成品的供求计划及相应的各类技术文件。

⑦ 制定施工进度计划，绘制横道图线或网络图，标明网络图中的关键路线，将主要责任落实到人，保证关键工序的顺利进行，使施工进度计划顺利地进行下去。

⑧ 进行施工现场准备，主要包括：清除障碍物；七通一平（“七通一平”包括在工程用地规范内，接通施工用水、用电、道路、电讯及煤气，施工现场排水及排污畅通和平整场地的工作）；搭建生产和生活临时设施等。

(5) 烧结普通砖的技术性质包括哪些内容？简述烧结普通砖的质量控制要点。

答：烧结普通砖的技术性质包括规格尺寸、强度等级、抗风化性能、泛霜和石灰爆裂、质量等级。

烧结普通砖质量控制要点：① 砖的品种、强度等级必须符合设计要求，用于清水墙、柱表面的砖，应边角整齐、色泽均匀。

② 砖进场后应按规定及时抽样复检。砖的强度等级必须符合设计要求。抽样送样工作应在现场监理人员的见证下进行。每一生产厂家的砖进场后按烧结砖 15 万块、多孔砖 5 万块、灰砂砖及粉煤灰砖 10 万块各为一个验收批抽检一组。不合格的砖不得用于工程中。

(6) 简述建筑砂浆的概念及种类。对砌筑砂浆的原材料有哪些要求？

答：建筑砂浆是由胶结料、细集料、掺加料和水按适当比例配制而成的一种复合型建筑材料。根据砂浆中胶凝材料的不同，可分为水泥砂浆、石灰砂浆、石膏砂浆和混合砂浆。混合砂浆有水泥石灰砂浆、水泥黏土砂浆和石灰黏土砂浆等。根据用途，建筑砂浆可分为砌筑砂浆、抹面砂浆及特种砂浆等。

砌筑砂浆的组成材料包括水泥、细骨料、拌和用水、掺加料、外加剂，要求如下：

① 水泥。常用品中的水泥都可以用来配制砌筑砂浆。为了合理地利用资源、节约原材料，在满足砂浆强度要求的前提下，在配制砂浆时要尽量采用强度较低的水泥或砌筑水泥。对于一些特殊用途如配制构件的接头、接缝或用于结构加固、修补裂缝，应采用膨胀水泥。水泥的强度等级一般为砂浆强度等级的 4.0～5.0 倍，常用强度等级为 32.5、32.5R。

② 细骨料。砂装用细骨料主要为天然砂，它应符合混凝土用砂的技术要求。由于砂浆层较薄，对砂子最大粒径有所限制。对于毛石砌体用砂宜选用粗砂，其最大粒径应小于砂装层厚的 1/4～1/5。对于砖砌体以使用中砂为宜，粒径不得大于 2.5 mm。对于光滑的抹面及勾缝砂浆则应采用细砂。砂的含泥量对砂浆的强度、变形性、视度及耐久度影响较大。对 M5 以上的砂浆，砂中含泥量不应大于 5%；M5 以下的水泥混合砂浆，砂中含泥量可大于 5%，但不应超过 10%。若采用人工砂、山砂、炉渣等作为骨料配制砂浆，应根据经验或经试配而确定其技术指标。

③ 拌和用水。砂浆拌和用 水的技术要求与混凝土拌和水相同。应选用无杂质的洁净水来拌制砂装。

④ 添加料。添加料是指为了改善砂浆的易和性而加入的无机材料。常用的添加料有石灰膏、黏土膏、电石膏、粉煤灰以及一些其他工业废料等。为了保证砂浆的质量，应将生石灰块预先充分“陈伏”熟化制成石灰膏，然后再掺入砂浆中搅拌均匀。如采用生石灰粉或消石灰粉，则可直接加入砂浆搅拌均匀后使用。当利用其他工业废料或电石膏等作为添加料时，必须经过砂浆的技术检验，在不影响砂浆质量的前提下才能够采用。

⑤ 外加剂。与混凝土相似，为了改善或提高砂浆的某些技术性能，更好地满足施工条件和使用功能的要求，可在砂浆中加入一定种类的外加剂。对所选择的外加剂品种和渗入量必须通过实验来确定。

(7) 砌筑砂浆的技术性质包含哪些内容？简述砌筑砂浆质量控制要点。

答：砌筑砂浆的技术性质：新拌砂浆要求具有良好的和易性。和易性良好的砂浆容易在粗糙的砖石底面铺抹成均匀的薄层，而且能够和底面紧密黏结。使用和易性良好的砂浆，即便于施工操作，提高生产率，又能保证工程质量。硬化后的砂浆则应具有所需强度和对底面的黏结力，并应有适宜的变形性能。

砂浆质量控制要点：

① 严把原材料质量关。水泥、砂子必须按规范要求复检；砌筑砂浆严禁使用细砂和含泥量超标的砂子；严禁将熟化好的石灰膏露天存放。

② 严把材料计量关。砌体用砂浆应严格按重量比计量。现场配合比标志牌必须标明每盘砂浆所用各种材料具体数量，严格控制石灰膏(粉)的掺用量。

③ 砌筑砂浆必须采用机械搅拌，严格控制搅拌加料顺序和搅拌时间。

④ 砂浆应随拌随用，水泥砂浆和水泥混合砂浆应分别 3 h 和 4 h 内使用完毕；当施工期间最高气温超过 30℃时，应分别在拌成后 2 h 和 3 h 内使用完毕。(注：对采用缓凝剂的砂浆，其使用时间可根据具体情况延长。)

⑤ 凡在砂浆中掺入有机塑化剂、早强剂、缓凝剂、防冻剂等，应经检验和试配符合要求后，方可使用。有机塑化剂应有砌体强度的形式检验报告。

⑥ 砌筑砂浆应采用机械搅拌，自投料完算起，搅拌时间应符合下列要求：水泥砂浆和水泥混合砂浆不得小于 2 min；水泥粉煤灰砂浆和掺用外加剂的砂浆不得少于 3 min；掺用有机塑化剂的砂浆，应为 3～5 min。

(8) 砖上墙前为什么要浇水润湿?

答：由于烧结砖极易吸水，在砌筑时容易过多地吸收砌筑砂浆中的水分降低砂浆的性能(流动性、黏结力和强度)，从而影响砌筑质量，因此在使用前应提前 1～2 天浇水润湿。烧结普通砖、多孔砖含水率宜为 10%～15%；灰砂砖、粉煤灰砖含水率宜为 5%～8%。含水率以水重占砖重的百分数计。施工现场上砖的润湿程度可在现场通过横截面润湿痕迹来判断，一般为 10～15 min，但浇水润湿也不能使砖浸透，否则因不能吸收砂浆中的多余水分而影响与砂浆的黏结力，还会产生堕灰和砖滑动现象。夏季水分挥发快可在操作面上及时补水保持湿润，冬季则应提前润水并保证在使用前晾干表面水分。

(9) 砖砌体常见的组砌形式有哪些?

答：普通砖墙立面的组砌形式有以下几种：一顺一丁、梅花丁、三顺一丁、两平一侧、全顺、全丁。

(10) 简述砖墙砌筑施工工艺。

答：砖墙砌筑基本工艺流程如下：抄平放线——试摆砖——立皮数杆——盘角——砌筑——清理。

① 抄平放线。抄平是基础施工完成后，应测出四大角、平面几何特征变化处一集立皮数杆处等点的实际高程，找出与设计标高的差值并标注在地圈梁上，同时记录在放线记录上，一般确定和计算砌筑高度、灰缝厚度和组砌层数，保证砌体上口标高一致。放线则是利用控制桩找出轴线及交点，然后弹出所需的线。放线完成后应进行校验，其允许误差应满足现行规范的要求。

② 试摆砖。试摆砖又叫干接砖，其目的是在墙体砌筑前，沿墙的纵横方向特别是在

内外墙交接处，通过调节竖向灰缝的宽窄，保证每一层砖的组砌都能统一并符合模数。当砖的长宽尺寸有正负差时，注意丁砌和顺砌砖的竖向灰缝要相互协调，尽量避免竖向灰缝大小不匀。

③ 立皮数杆。为了保证砌体在高度上层数的统一，并控制灰缝大小和砌筑竖向尺寸，在砖墙的转角处及交接处立起皮数杆(皮数杆间距不超过 15 m，过长应在中间加立)，在皮数杆之间拉准线，依准线逐皮砌筑，其中第一皮砖按墙身边线砌筑。皮数杆一般为木制，上面画有砖和灰缝的厚度、层数，门窗各点标高值，确定一个底平面标高值，以此确定值为依据，调整皮数杆标识并安放皮数杆，保证各点的组砌模数和上口标高一致。

④ 盘角。先拉通线，按所排的干砖位置把第一皮砖砌好；然后在要求位置安装皮数杆，并按皮数杆标注，开始盘角，盘角时每次不得超过六皮砖高，并按"三皮一吊，五皮一靠"的原则随时检查，把砌筑误差消灭在操作过程中。

⑤ 砌筑。可采用"三一"法、"挤浆"法砌筑。

(11) 简述独立砖柱砌筑要点。

答：砖柱一般是承重的，因此比砖墙更要认真砌筑。对砖柱，除了与砖墙相同的要求外，应尽量选边角整齐、规格一致的整砖砌筑，尽量少破砖。每工作班的砌筑高度不宜超高 1.8 m，柱面上不得留设脚手架眼，如果是成排的砖柱必须拉通线砌筑，以防发生扭转和错位。柱与墙如不能同时砌筑时，可于柱中留出直槎，并于柱的灰缝中预埋拉结钢筋，拉结钢筋的数量为每 120 mm 墙厚放置 1ϕ6 拉结钢筋，间距沿墙高不应超过 500 mm，埋入墙长度从留槎处算起每边均不小于 500 mm，对抗震设防地区不应小于 1 000 mm，末端应有 90°弯钩。对于清水墙配清水柱，要求水平灰缝在同一标高上。附墙柱在砌筑墙时应使墙和柱同时砌筑，不能先砌墙后砌柱或先砌柱后砌墙。

(12) 简述砖砌体施工安全技术。

答：① 在操作之前，安全、环保责任制度以及安全交底、安全教育、安全检查等各项管理制度已落实。操作环境、道路、机具、安全设施和防护用品，必须经检查符合要求后方可施工。

② 墙身砌体高度超过地坪 1.2 m 时，应搭设脚手架；在一层以上或高度超过 4 m 时，应采用里脚手架必须支搭安全网，采用外脚手架应设护身栏杆挡脚加立网封闭后才可砌筑。

③ 脚手架上堆料量不得超过规定荷载，堆砌高度不得超过 3 皮侧砖。

④ 在楼层(特别是预制板面)施工时，堆放机械、砖块等物品不得超过使用荷载。如超过荷载时，必须经过验算采取有效加固措施后方可进行堆放和施工。

⑤ 不准站在墙顶上做划线、刮绝和清扫墙面或检查大角垂直等工作。

⑥ 不准用不稳固的工具或物体在脚手板面垫高操作，更不准在未经过加固的情况下，在一层脚手架上随意再叠加一层，脚手板不允许有空头现象，不准用 2×4 厚木料或钢模板作立入板。

⑦ 砍砖时应面向墙内打，注意碎砖跳出伤人。

⑧ 使用于垂直运输的砖笼、绳索具等，必须满足负荷要求，牢固无损，吊运时不得超载，并需经常检查，发现问题及时修理。

⑨ 砖料运输车辆两车前后距离平道上不小于 2 m，坡道上不小于 10 m，装砖时要先取高处后取低处，防止倒塌伤人。

⑩ 砌好的山墙，应临时用联系杆(如擅条等)放置各跨山墙上，使其联系稳定，或采取其他有效的加固措施。

⑪ 在同一垂直面内上下交叉作业时，必须设置安全隔板，操作人员必须戴好安全帽。

⑫ 人工垂直向上或往下(深坑)传递砖块，架子上的站人板宽度应不小于 60 cm。

(13) 简述砖砌体环保及文明施工要求。

答：① 施工现场应符合现行国家标准《建筑施工现场环境与卫生标准》(JGJ 146—2013)。

② 施工现场必须采用封闭围挡，高度不得小于 1.8 m。

③ 在工程的施工组织设计中应有防止大气、水土、噪声污染和改善环境卫生的有效措施。施工现场必须建立环境保护、环境卫生管理和检查制度，并做好检查记录。

④ 水泥和其他易飞扬的细颗粒建筑材料应密闭存放或采取覆盖等措施。施工现场混凝土搅拌场所应采取封闭、降尘措施。

⑤ 建筑物内施工垃圾的清运，必须采用相应容器或管道运输，严禁凌空抛掷。

⑥ 施工现场应设置密闭式垃圾站，施工垃圾、生活垃圾应分类存放，并应及时清运出场。

⑦ 施工现场严禁焚烧各类废弃物。

⑧ 施工现场应设置排水沟及沉淀池，施工污水经沉淀后方可排入市政污水管网或河流。

⑨ 施工现场应按照现行国家标准制定降噪措施，施工企业自行对施工现场的噪声值进行监测和记录。

⑩ 施工现场的强噪声设置宜设置在远离居民区一侧，并采取降低噪声的措施。

⑪ 对因生产工艺要求或其他特殊要求，却需在夜间进行超过噪声标准施工的，施工前建设单位应向有关部门提出申请，经批准后方可进行。

⑫ 现场使用照明灯具宜用定向可拆除灯罩型，使用时应防止光污染。

(14) 建筑钢材的力学性能包括哪些内容?

答：建筑钢材的力学性能包括拉伸性能、冲击韧性。

(15) 模板系统的作用有哪些? 基本要求有哪些? 简述模板系统的组成内容。

答：模板系统一般由模板、支架和紧固件三部分组成。模板提供了平整的板面，支架解决支撑问题，紧固件则是使模板相互之间的连接可靠。任何结构和构件都有相应的形状和尺寸，而施工必须保证其形状和尺寸的正确，还应保证其表面平整光洁。模板系统的作用正在于此。一方面，在混凝土浇筑前要形成结构或构件相应的形状和尺寸，并保证在浇筑过程中以及浇筑完成后不发生变化；另一方面，混凝土在凝结硬化中受到了保护而且其养护方便；第三方面，使混凝土形成一定的观感质量。对模板系统有以下方面的要求：

① 模板系统要保证结构或构件形状和尺寸及相互位置的正确。其形状、尺寸及相互位置应满足设计要求，且保证混凝土浇筑后在允许偏差范围内。

② 模板系统本身要有足够的强度、刚度和稳定性。能可靠地承受浇筑混凝土的质量、测压力以及施工荷载，保证不出现塑性变形、倾覆或失去稳定。

③ 模板板面平整、光滑，还应有一定的耐摩擦、耐冲击、耐碱、耐水及耐热性能。目前，我国对混凝土施工的观感质量要求越来越高，承包商要在模板工程上多下功夫才能达到相应的要求。

④ 模板系统的构造应简单，重量应轻，安装和拆除应方便和尽量快捷，并要充分考虑与其他工种的配合。

⑤ 模板系统的接缝应少(指平面尺寸)且严密。

(16) 什么是混凝土？简述水泥的选择原则。普通混凝土用砂、石、水有哪些要求？

答：混凝土是由胶凝材料、细骨料、粗骨料、水以及必要时掺入的化学外加剂组成，经过胶凝材料凝结硬化后，形成具有一定强度和耐久性的人造石料。由于胶凝材料、细骨料、粗骨料的品种很多，混凝土的种类也很多。

水泥的选择原则：配制普通混凝土的水泥品种，应根据混凝土的工程特点或所处的环境条件，结合水泥的性能，且考虑当地生产水泥品种的情况等，进行合理的选择，这样不仅可以保证工程质量，而且可以降低成本。水泥强度等级应根据混凝土设计强度等级进行选择。原则上配置高强度等级的混凝土，选择高强度的水泥。当用低强度等级水泥配置较高强度等级混凝土时，会使水泥用量过大，一方面混凝土硬化后的收缩和水化热增大，混凝土的水灰比过小而使拌和物流动性差，造成施工困难，不易成型密实；另一方面也不经济。

普通混凝土用砂的技术要求：颗粒级配和粗细程度；含泥量和石粉含量；有害物质；坚固性。

普通混凝土用卵石、碎石的技术要求：颗粒级配；最大粒径；含沙量和泥块含量；针、片状颗粒含量；坚固性；有害物质；强度；表观密度、堆积密度、孔隙率；碱骨料反应。

拌和用水：混凝土拌和用水，不得影响混凝土的凝结硬化；不得降低混凝土的耐久性；不加快钢筋锈蚀和预应力钢丝脆断。混凝土拌和用水，按水源分为饮用水、地表水、地下水、海水，以及经适当处理的工业废水。混凝土拌和用水宜选择洁净的饮用水。

(17) 什么是混凝土拌和物的和易性？影响混凝土拌和物和易性的因素有哪些？

答：混凝土拌和物的和易性是指拌和物便于施工操作(主要包括搅拌、运输、浇注、成型、养护等)，能够获得结构均匀、成型密实的混凝土的性能。和易性是一项综合性能，主要包括流动性、黏聚性和保水性三个方面的性质。

影响混凝土拌和物的和易性的因素：水泥砂浆数量和单位用水量；骨料的品种、级配和粗细程度；砂率；外加剂。

(18) 简述影响混凝土抗压强度的主要因素。

答：水泥的强度和水灰比；粗骨料的品种；养护条件；龄期；外加剂。

(19) 简述模板拆除的基本规定。

答：侧模板的拆除，只需要混凝土强度达到其表面及棱角不会因为拆除模板而损坏即可，由于此时对混凝土的强度要求并不高，所以拆除模板时一定不能猛敲猛打。底模板及其支架拆除时的混凝土强度应符合设计要求，当设计无具体要求时混凝土强度应符合相关规范的规定。

(20) 搅拌混凝土的要求有哪些？混凝土运输要求有哪些？混凝土浇筑的一般要求有哪些？

答：搅拌要求：① 严格执行混凝土施工配合比，及时进行混凝土施工配合比的调整。

② 严格进行各原材料的计量。

③ 搅拌前应充分湿润搅拌筒，搅拌第一盘混凝土时应按配合比对粗骨料减量。

④ 控制好混凝土搅拌时间。

⑤ 按要求检查混凝土坍落度并反馈信息。严禁随意加减用水量。

⑥ 搅拌好的混凝土要卸净，不得边出料边进料。

⑦ 搅拌完毕或间歇时间较长，应清洗搅拌筒。搅拌筒内不应有积水。

⑧ 保持搅拌机清洁完好，做好其维护保养。

混凝土应及时运至浇筑地点。为保证混凝土的质量，对混凝土运输的基本要求是：

① 混凝土运输过程中要能保持良好的均匀性，不离析、不漏浆。

② 保证混凝土具有所规定的坍落度。

③ 使混凝土在初凝前浇筑完毕。

④ 保证混凝土浇筑的连续进行。

混凝土浇筑的一般要求：

① 混凝土浇筑前不应发生初凝和离析现象，如已发生，可重新搅拌，恢复混凝土的流动性和黏聚性后再进行浇筑。

② 混凝土的浇筑工作应尽可能连续作业，如上下层混凝土浇筑有时间间隔，则间隔时间应尽量短，并应在混凝土初凝前将混凝土浇筑完毕，以防止扰动已初凝的混凝土而出现质量缺陷。混凝土的初凝时间与水泥品种、凝结条件、掺用外加剂的品种和数量等因素有关，应由实验确定。

③ 如间隔时间必须超过混凝土初凝时间，则应按施工技术方案的要求留设施工缝。所谓施工缝是指在混凝土浇筑中，因设计要求或施工要求分段浇筑混凝土而在先、后浇筑的混凝土之间形成的接缝。因停电等意外原因造成下层混凝土已初凝时，则应在继续浇筑混凝土之前，按照施工技术方案对混凝土接槎（施工缝）的要求进行处理，使新旧混凝土结合紧密，保证混凝土结构的整体性。

(21) 简述板缝施工时应注意的问题。

① 接缝砂浆或细石混凝土应随拌随用，每次拌和量以在 30 min 用完为度。

② 楼板绝不能随铺随灌，必须隔层浇灌板缝，也就是说该层主体已施工完毕，再灌板缝。

③ 接缝细石混凝土，采用人工振捣，应分 2～3 层灌入和捣实。

④ 为防止板缝的吊模下沉，从而造成混凝土表面剔凿，震动板缝，吊模材料最好采用三角木楞或角钢施工。

⑤ 在常温施工时，灌缝水泥砂浆或细石混凝土终凝后即开始浇水养护，养护时间不

少于 3 d。

⑥ 在冬天负温下，应用 30℃～50℃的温水拌和灌缝材料。浇筑完毕的接触表面用塑料薄膜或草帘（或 100 mm 厚锯末）覆盖。

⑦ 板缝的吊模不要过早拆除，拆模后，不密实的接缝（如未满或有孔洞等）应用环氧水泥填补或者凿去重新浇筑。

5.2.2　计划

在一阶段中，学生针对本工程，以小组方式工作，独立地寻找与任务相关的信息，并获得工作过程、工具清单、材料清单，了解安全措施，并把它填入相应的学生工作页，制定工作计划。本项目计划主要内容有：材料计划、工具计划、劳动力计划、施工方案。

1. 材料计划

表 5-9　材料计划表

材料名称	规格	标号	数量
页岩实心砖	240 mm×115 mm×53 mm	MU15	920 块
水泥混合砂浆	符合设计规范	M5	0.40 m^3
拉结钢筋	一级钢筋每根 1.5 m	48 根	

2. 工具计划

表 5-10　工具计划表

工具名称	数量	工具名称	数量
砖刀	8 把	尼龙线	8 卷
线锤	8 个	卷尺	8 把
皮数杆	12 个	灰桶	8 个
铁锹	4 把		

3. 劳动力计划

表 5-11　劳动力计划表

人员名称	数量	工作任务
×××	2 人	材料运输
×××	4 人	砌筑

4. 施工方案

(1) 施工工艺流程

砖墙施工基本工艺流程如下：抄平放线——试摆砖——立皮数杆——盘角——砌筑——清理。

(2) 施工要点

① 砌筑前,应将砌筑部位清理干净,放出墙身中心线与边线,浇水湿润。

② 在砖墙的转角处及交接处立起皮数杆(皮数杆间距不超过 15 m,过长应在中间加立),在皮数杆之间拉准线。依准线逐皮砌筑,其中第一皮砖按墙身边线砌筑。

③ 砌筑操作方法可采用铺浆法或“三一”砌筑法,依各地习惯而定。采用铺浆法砌筑时,铺浆长度不得超过 500 mm。“三一”砌筑法即“一铲灰,一块砖,一挤揉”的操作方法,8 度以上地震区的砌筑工程宜采用此操作方法砌筑。

④ 砖墙水平灰缝和竖向灰缝厚宜为 10 mm,但不小于 8 mm,也不应大于 12 mm。

水平灰缝的砂浆饱满度不得小于 80%;竖向宜采用挤浆或加浆的方法,不得出现明缝,严禁用水冲浆灌缝。

⑤ 砖墙转角处,每一皮的外角应加砌七分头砖。当采用一顺一丁砌筑形式时,七分头砖的顺面方向一次砌顺砖,丁面方向一次砌丁砖。

⑥ 砖墙的丁字交接处,横墙的墙头隔皮加砌七分头转,纵墙隔皮砌通。当采用一顺一丁砌筑形式时,七分头转丁面方向一次砌丁砖。

⑦ 砖墙的十字交接处,交接处内角的竖缝应上下错开 1/4 砖长。

⑧ 宽度小于 1 m 的窗间墙,应采用整砖砌筑,半砖或破损的砖应分散使用在受力较小的砖墙,小于 1/4 砖块体积的碎砖不能使用。

⑨ 砖墙的转角处和交接处应同时砌筑,对不能同时砌筑而必须留槎时,应砌成斜槎,斜槎水平投影长度不应小于高度的 2/3。当不能留斜槎时,除转角外,可留直槎,但是必须做成凸槎。留直槎处应加设拉结钢筋,拉结钢筋的数量为每 120 mm 墙厚放置 1A6 的拉结钢筋,间距沿墙高不应超过 500 mm;埋入长度从留槎处算起每边均不小于500 mm,对抗震设防地区不应小于 100 mm;末端应有 90°弯钩。抗震设防地区不得留直槎。

⑩ 隔墙与承重墙不能同时砌筑又留成斜槎时,可在承重墙中引出凸槎,并在承重墙的水平灰缝中预埋拉结钢筋,其构造与上述直槎不同,但是每道墙不得少于 2 根。

⑪ 砖墙中留置临时施工洞时,其侧边离交界处的墙面不应小于 500 mm。洞口顶部宜设置过梁,也可在洞口上部采取逐层挑砖封口,并预埋水平拉结筋,洞口净宽不宜超过 1 m。八度以上地震区的临时施工洞位置,应会同设计单位研究决定。临时施工洞口补砌时,洞口周围砖块表面应清理干净,并浇水湿润,再用与原墙相同的材料补砌严密。

⑫ 砖墙工作的分段位置,宜设在伸缩缝、沉降缝、防震缝、构造柱或门窗洞口处,相邻工作段的砌筑高度差不得超过一个楼层的高度,也不宜大于 4 m。砖墙临时间断处的高度差,不得超过一步脚手架的高度。

⑬ 墙中的洞口、管道、沟槽和预埋件等应于砌筑时正确留出或预埋,宽度超过 300 mm 的洞口应砌筑平拱或设置过梁。

⑭ 砖墙的每天砌筑高度以不超过 1.8 m 为宜。

5.2.3 决策

每一组请一位学生讲述自己所做的计划,老师进行评价分析,给出建议。

5.2.4 实施

1.技术和安全交底

表 5-12 技术交底记录

<table>
<tr><td>工程名称</td><td>某住宅楼</td><td>建设单位</td><td></td></tr>
<tr><td>监理单位</td><td>×××监理公司</td><td>施工单位</td><td>×××建筑公司</td></tr>
<tr><td>交底部位</td><td>转角墙砖砌体砌筑</td><td>交底日期</td><td></td></tr>
<tr><td colspan="4">1. 砌筑前，应将砌筑部位清理干净，放出墙身中心线与边线，浇水湿润。
2. 砌体的上下皮砖块应相互错缝搭砌，搭接长度不宜小于砖块长度的四分之一。
3. 外墙转角处和纵横墙交接处的砌块应分皮咬槎、交错搭砌。
4. 砌体的灰缝大小应均匀，一般不大于 12 mm，不小于 8 mm，通常为 10 mm 其水平灰缝的砂浆饱满度应≥80%，竖向灰缝不得出现透明缝、瞎缝和假缝。
5. 砖砌体的转角处和交接处应同时砌筑。严禁无可靠措施的内外墙分砌施工，对不能同时砌筑而又必须留置的临时间断处应砌成斜槎，斜槎水平投影长度不应小于高度的 2/3。
6. 砖墙的丁字交接处，横墙的端头隔皮加砌七分头转，纵墙隔皮砌通，当采用一顺一丁砌筑形式时，七分头转丁面方向依次砌丁砖。
7. 砌筑中应做到“三线一吊”“五线一靠”。
接受人签字：</td></tr>
</table>

表 5-13 安全交底记录

<table>
<tr><td>工程名称</td><td>某住宅楼</td><td>建设单位</td><td>四川建院</td></tr>
<tr><td>监理单位</td><td>×××监理公司</td><td>施工单位</td><td>×××建筑公司</td></tr>
<tr><td>交底部位</td><td>转角墙砖砌体砌筑</td><td>交底日期</td><td></td></tr>
<tr><td>交底人签字</td><td></td><td></td><td></td></tr>
<tr><td colspan="4">1. 在操作之前，必须检查操作环境是否符合安全要求，道路是否畅通，机具是否完好牢固，安全设施和防护用品是否齐全，经检查符合要求后才可施工。
2. 墙身砌体高度超过地坪 1.2 m 时，应搭设脚手架。
3. 脚手架上堆料量不得超过规定荷载，堆砖高度不得超过 3 皮侧砖。
4. 不准站在墙顶上做划线、刮缝和清扫墙面或检查大角垂直等工作。
5. 砍砖时应面向墙内打，应注意碎砖跳出伤人。
6. 人工垂直向上传递砖块时，架子上的站人板宽度不应小于 60 cm。
7. 雨天或下班后，应做好防雨准备，以防雨水冲走砂浆，致使砌体倒塌；冬期施工时，脚手架上有冰霜，应先清理后才能上架工作。
接受人签字：</td></tr>
</table>

2. 墙体砌筑训练

该环节安排在砖砌体墙体砌筑训练中完成。

5.2.5 检查及工程资料填写

该环节安排在砖砌体墙体砌筑训练中完成。

1. 砖砌体工程施工质量标准

(1) 砖的品种、强度等级必须符合设计要求。

(2) 砂浆品种必须符合设计要求。对同品种,同强度等级砂浆各组试块的平均强度不小于 $f_{m,k}$,任意组试块的强度不小于 $0.75f_{m,k}$。

(3) 砌体砂浆必须密实饱满,新砖砌体水平灰缝的砂浆饱满度不小于 80%。

(4) 砖砌体尺寸、位置的允许偏差及检验方法见表 5-14 和表 5-15。

表 5-14 砖砌体一般尺寸允许偏差

项次	项目		允许偏差	检验方法	抽查数量
1	基础顶面和楼面标高		±15	用水平仪和尺量	不少于 5 处
2	表面平整度	清水墙,柱	5	用 2 m 靠尺和楔形塞尺检查	代表性的自然间抽查 10%,但是不少于 3 间,每间不少于 2 处
		混水墙,柱	8		
3	门窗洞口宽度		±5	用尺检查	检验批洞口的 10%且不少于 5 处
4	外墙上下窗口偏移		20	以底层窗口为线,用经纬仪或吊线检查	检验批的 10%且不少于 5 处
5	水平灰缝平直度	清水墙	7	拉 10m 线和尺检查	代表性的自然间抽查 10%,但不少于 3 间,每间不少于 2 处
		混水墙	10		
6	清水墙游丁走缝		20	吊线和尺检查,以每层第一皮砖为准	代表性的自然间抽查 10%,但是不少于 3 间,每间不少于 2 处

表 5-15 砖砌体位置及垂直度的允许偏差及检验方法

<table>
<tr><th>项次</th><th colspan="3">项目</th><th>允许偏差/mm</th><th>检验方法</th></tr>
<tr><td>1</td><td colspan="3">轴线位置偏移</td><td>10</td><td>用经纬仪或尺检查或用其他测量仪器检查</td></tr>
<tr><td rowspan="3">2</td><td rowspan="3">垂直度</td><td colspan="2">每层</td><td>5</td><td>用 2 m 托线板检查</td></tr>
<tr><td rowspan="2">全高</td><td>≤10m</td><td>10</td><td rowspan="2">用经纬仪、吊线和尺检查,或用其他测量仪器检查</td></tr>
<tr><td>>10m</td><td>20</td></tr>
<tr><td colspan="6">抽查数量:轴线查全部承重墙柱;外堵垂直度全高查阳角,不应小于 4 处,每层 20m 查一处;内墙按有代表性的自然间抽 10%,但不应少于 3 间,每间不应少于 2 处,柱不少于 5 根。</td></tr>
</table>

注:观察或用尺量检查,外墙每 20m 抽查一处,每处 3m 延长线;内墙基础有代表性的自然间抽查 10%,但不少于 3 间,每间不少于 2 处。

2. 检查计划

采用自检、互检、专检的方式，检查学生实训成果。

表 5-16　检查工具计划

检查工具名称	用途
经纬仪或拉线和尺	轴线位置偏移
水准仪和量尺	基础顶面标高
长靠尺和楔形塞尺	表面平整度
10 m 线和尺	水平灰缝平直度
皮数杆，卷尺	水平灰缝平厚度(10 皮砖累计数)

3. 实施检查

各组放线完成后，先进行自检，再进行互检，最后由教师进行专检。

5.2.6　评价

学生完成学习情况的评价见表 5-17。

表 5-17　学生完成学习情境成绩评定表

学生姓名：　　　　教师：　　　　班级：　　　　学号：

序号	考评项目	分值	考核办法	教师评价(权重 60%)	组长评价(权重 20%)	学生评价(权重 20%)
1	学习态度	10	出勤率、听课态度、实训表现			
2	学习能力	20	上课回答问题、完成学生工作页质量等			
3	操作能力	20	实训(试验、大作业)成果质量等进行评价			
4	团结协作精神	10				
合计		60				
综合得分						

参考文献

[1] 中华人民共和国住房和城乡建设部.砌体结构通用规范:GB 55007—2021[S].北京:中国建筑工业出版社,2021.

[2] 中华人民共和国住房和城乡建设部.砌体结构设计规范:GB 50003—2011[S].北京:中国建筑工业出版社,2011.

[3] 中华人民共和国住房和城乡建设部.砌体结构工程施工质量验收规范:GB 50203—2011[S].北京:中国建筑工业出版社,2011.

[4] 中华人民共和国住房和城乡建设部.建筑抗震设计规范:GB 50011—2010[S].北京:中国建筑工业出版社,2016.

[5] 中华人民共和国住房和城乡建设部.建筑工程施工质量验收统一标准:GB 50300—2013[S].北京:中国建筑工业出版社,2013.

[6] 中华人民共和国住房和城乡建设部.建筑施工扣件式钢管脚手架安全技术规范:JGJ 130—2011[S].北京:中国建筑工业出版社,2011.

[7] 中华人民共和国住房和城乡建设部.建筑施工门式钢管脚手架安全技术规范:JGJ/T 128—2019[S].北京:中国建筑工业出版社,2019.

[8] 中华人民共和国住房和城乡建设部.建筑施工承插型盘扣式钢管支架安全技术规范:JGJ/T 231—2021[S].北京:中国建筑工业出版社,2021.

[9] 中国建筑标准设计研究院.建筑物抗震构造详图(多层砌体房屋和底部框架砌体房屋):20G329-2[S].北京:中国计划出版社,2020.

[10] 中国建筑标准设计研究院.配筋混凝土砌块砌体建筑结构构造:03SG615[S].北京:中国计划出版社,2009.

[11] 中国建筑标准设计研究院.砌体结构设计与构造:12SG620[S].北京:中国计划出版社,2013.

[12] 中国建筑标准设计研究院.砌体填充墙结构构造:12G614-1[S].北京:中国计划出版社,2012.

[13] 中国建筑标准设计研究院.砌体填充墙构造详图(二)(与主体结构柔性连接):10SG614-2[S].北京:中国计划出版社,2011.

[14] 中国建筑标准设计研究院.混凝土小型空心砌块填充墙建筑、结构构造:14G614[S].北京:中国计划出版社,2021.

[15] 中国建筑标准设计研究院.混凝土砌块系列块型:05SG616[S].北京:中国计划

出版社,2005.
[16] 中国建筑标准设计研究院.砖墙建筑、结构构造:15G612[S].北京:中国计划出版社,2015.
[17] 中国建筑标准设计研究院.多层砖房钢筋混凝土构造柱抗震节点详图:03SG363[S].北京:中国计划出版社,2006.
[18] 毛海涛.砌体结构工程施工[M].北京:科学出版社,2010.
[19] 周和荣.砌体结构工程施工[M].北京:化学工业出版社,2021.
[20] 刘平,吴迈,骆中钊.砌体结构工程施工[M].北京:化学工业出版社,2008.
[21] 北京土木建筑学会.砌体结构工程施工技术速学宝典[M].武汉:华中科技大学出版社,2012.
[22] 刘孟良.砌体结构工程施工[M].重庆:重庆大学出版社,2014.